immanuel kant

道德形而上学奠基
Grundlegung zur Metaphysik der Sitten

[德]康 德/著 杨云飞/译 邓晓芒/校

人民出版社

据普鲁士皇家科学院版《康德全集》第 4 卷：Kants gesammelte Schriften, Herausgegeben von der Königlich Preußischen Akademie der Wissenschaften, Band IV, Berlin Druck und Verlag von Georg Reimer, 1911, S.387—463. 译者参照了 Felix Meiner 出版社 1999 年的单行本，参考了 Mary Gregor（Cambridge University Press, 1999）和 Allen Wood（Yale University Press, 2002）的英译本，个别地方参看过 H.J.Paton 的英译本（Routledge, 2002），还参考了苗力田先生的中译本（《道德形而上学原理》，上海人民出版社，2002）和李秋零先生的中译本（《康德著作全集》第 4 卷第 393—472 页，《道德形而上学的奠基》，中国人民大学出版社，2005）。本书边码为科学院版页码。

目　　录

前　言

　　古希腊哲学分成三门科学：**物理学、伦理学**和**逻辑学**。这个分类是和事情的本性完全适合的，而且仅仅除了对这分类的原则也许有所增加，以便一方面保证这种划分的完备性，另一方面能正确地规定那些必要的分支以外，人们不需要对此加以任何改进。

　　所有的理性知识要么是**质料的**，即考察某一个客体（Objekt）；要么是**形式的**，即仅仅探究知性和理性自身的形式，以及一般思维的普遍规则，而不涉及各种客体的区别。形式的哲学就叫作**逻辑学**，而处理确定的对象和这些对象所遵守的规律[法则]的质料的哲学，又有两方面。因为这些规律［法则］要么是**自然**的规律（Gesetze der Natur），要么是**自由**的法则（Gesetze der Freiheit）⁽¹⁾。关于第一种规律的科学称为**物理学**，关于第二种规律的科学是**伦理学**；前者也称为自然学说，后者称为道德学说。

　　逻辑不能有经验性的部分，亦即不能有这样一个部分，在其中思维的普遍必然的规律建立在来自

（1）Gesetze der Freiheit 也可译为"自由的规律"。Gesetze 一词一般地可翻译为"规律"，尤其在自然科学的领域中，这一译名较为通行，但在涉及道德问题、实践问题时，译作"法则"比较好。在康德一般地使用该词时，我们有时也处理为"规律［法则］"。下文不一一注明。

　　　　——译者

经验的根据之上；因为否则它就不是逻辑了，亦即不是知性或理性的、对所有思维有效并且必须被演证（demonstrieren）的法规了。相反，自然的人世智慧（Weltweisheit）和道德的人世智慧一样，每一个都能有自己的经验性的部分，因为前者必须对作为经验对象的自然规定其规律，而后者，必须对人在受自然刺激时的意志规定其规律，第一类规律是作为万物据以发生的规律，第二类规律则是作为万物应当据以发生的规律，但仍要考虑到那些经常令它不发生的条件。

388

所有的哲学就其立足于经验的根据上而言可以称作**经验性的**（empirische）；而就其只从先天的原则出发阐明其学说而言，可称作**纯粹的**哲学。后者，如果它纯然是形式的，就叫作**逻辑学**；而如果它限于知性的那些确定对象上，就叫作**形而上学**。

以这种方式就产生了一个双重的形而上学的理念，一种是**自然形而上学**（Metaphysik der Natur），一种是**道德形而上学**（Metaphysik der Sitten）。因而物理学将有其经验性的部分，但也将有其合理性的（rational）部分；伦理学同样如此；不过伦理学的经验性部分在这里将有可能特别地被叫作**实践人类学**（praktische Anthropologie），而合理性的部分有可能被严格地叫作**道德学**（Moral）。

一切行当、手工业、技艺都由于劳动分工而获益，亦即不是一个人什么都做，而是每个人把自己限定在某件在操作方式上与别的工作有明显不同的工作上，以便能最完善和更轻松地完成这项工作。工作还没有这样划分和分配开来的地方，每个人都是多面手，那么这些行当就还处在最粗野的状态。但是，虽然这本身也许并不是一个不值得考虑的话题，即问一问，纯粹哲学在其一切划分中是否要求有它自己特殊的人士，而下述情况是否就会改进这个博学的行当的整体，即当那些习惯于按照大众的口味在他们自己不熟悉的各种各样的关系方面将经验性的东西和理性的东西混在一起出售的人，他们自称为独立思想家，却把另外一些只配备有理性份额的人称之为钻牛角尖者，这时他们就会受到警告，说不要同时从事两种在处理方式上完全不同的职业，其中每项职业或许要求一种特殊的才能，而它们在一个人身上的结合只会产生出半瓶醋来；不过我在这里要问的只是，科学的本性是否要求任何时候都小心地把经验性的部分和理性的部分区分开来，并在本来意义上的（经验性的）物理学之前先讲自然的形而上学，而在实践的人类学之前则先讲道德的形而上学，这两种形而上学都必须与一切经验性的东西仔细撇清关系，以便知道纯粹理性在这两种情况下有可能作出多大的成就，以及它们本身将从何种源泉中汲取自己的这种先天的教导，此外，后一工作 (1) 是可以由各种道德教师（他们号

389

(1) 指道德形而上学之建立。

——译者

3

称"匹夫"①）来做呢，还是只能由一些受到这一使命感召的人来推动。

　　既然我这里真正的意图是指向道德的人世智慧（die sittlich Weltweisheit）的，所以，我把提出的问题仅限于这一点：人们是否会认为极有必要有朝一日建立起一种纯粹的道德哲学（Moralphilosophie），它将会把所有那些只要是经验性的东西和属于人类学的东西全部清除掉；因为，必须有这样一种道德哲学，这从义务和德性法则（sittliche Gesetz）的通常理念来看是自明的。每个人都必定会同意，一条法则，如果要被看作是道德的，即看作责任的根据，它自身就必须具有绝对的必然性；像"你不应该说谎"这样的诫命（Gebot），绝不仅仅是只对人类有效而其他理性存在者却可以对之不加理会的；所有其他真正的德性法则都是如此；因而，责任的根据在此不能到人类的本性中或人所置身的那个世界的环境中寻找，而必须先天地仅仅在纯粹理性的概念中去寻找；而任何其他的以单纯经验的原则为根椐的规范（Vorschrift），甚至一个在某一方面看来是普遍的规范，即使它有一丝一毫，也许只是一个动因是建立在经验性的根据上的，那么它虽然可以叫作一条实践的规则（praktische Regel），却绝不能叫作一条道德的法则。

－－－－－－－－－－

① 　原文为 Legion。

这样，在所有的实践知识中，不仅道德法则和它们的原则一起，与所有其他任何含有某种经验性东西的知识有本质上的区别，而且所有的道德哲学完全建立在它的纯粹部分之上，并且，在运用于人类时，道德哲学不仅不需要从关于人的知识（人类学）借来丝毫东西，反而给予作为理性存在者的人以先天的法则，当然这些法则还要求有被经验磨利了的判断力，以便一方面区分在哪些场合道德法则有其应用，另一方面为道德法则找到进入人的意志中去的入口和实行的重点，因为人的意志本身受到那么多爱好的刺激，他虽然有能力产生某种实践的纯粹理性的理念，但要让这理念在他生命的历程中具体地起作用，却并不那么容易。

所以，一个道德形而上学是必要而不可或缺的，不单纯是出于思辨的动因，为的是探究那些先天地置于我们理性中的实践原理（praktischen Grundsätze）的来源，也是因为只要缺失了正确评价道德的那种引线和至上的标准，道德自身总是会遭到各种各样的败坏。因为对于什么才应该是道德上善的，仅仅是**合乎**德性法则是不够的，而必须也是**为了德性法则**而发生；否则，那种符合就只是非常偶然的和形形色色（mißlich）的，因为有时不道德的根据固然也会产生出合乎道德法则的行动，但更多时候是产生违背道德法则的行动。现在，既然纯粹的和真正的（这在实践中恰好是最为重要的）德

390

5

性法则除了在一种纯粹哲学之中，不可能在任何别的地方找到，所以这一纯粹哲学（形而上学）就必须走在前面，没有这个形而上学就根本不会有任何道德哲学，甚至那种在经验性的原则中掺杂有那些纯粹原则的道德哲学也配不上哲学这个名称（因为把哲学和普通的理性知识区别开来的正是，哲学把后者只是混杂地把握的东西在这门单独的科学中阐述出来），更不用说配不上道德哲学的名称了，因为恰好由于这种混杂，它甚至损害了道德自身的纯粹性，并与道德固有的目的背道而驰。

人们不要以为，这里所要做的，著名的沃尔夫在他的道德哲学，即他所谓的**普遍的实践性人世智慧**（allgemeinen praktischen Weltweisheit）的引论中，都已经做过了，因而我们在此不可能涉入一个完全崭新的领域。正因为它据说是一种普遍的实践性人世智慧，它所要考察的，就不是任何一种特殊种类的意志，比如一种无须任何经验性的动因完全为先天原则所规定，人们可以称之为纯粹意志的意志，而是一般的意愿，以及在这种普遍意义上归之于它的所有的行动和条件，并且，它由此区别于道德形而上学，正如普遍逻辑区别于先验哲学一样，在两者之中，普遍逻辑阐明**一般**思维的活动和规则，先验哲学则只是阐明**纯粹**思维的特殊活动和规则，也就是通过这种纯粹思维，对象得以完全先天地被认识。因为，道德形而上学应该研究一种可

能的**纯粹**意志的理念和原则，而不是一般人类意愿
的行动和条件，这些东西绝大部分来自心理学。在
普遍的实践性人世智慧中（尽管超出了它的一切权
限），也谈及道德法则和义务，但这一点并不能反
驳我的主张。因为这门科学的制定者们在此仍然忠
于他们这门科学的理念；他们没有把那些本身完全
先天地仅仅由理性提出来的、真正是道德性的动
因，与那些经验性的、知性只是通过比较经验而提
升为普遍概念的动因区分开来；相反，他们不注意
这些动因在来源上的差异，而只从其总量的大小上
面考察它们（因为所有的动因都被看作是同质的），
他们用这样的办法形成自己的**责任**（Verbindlich-
keit）的概念，这个概念当然不折不扣是道德的，但
它毕竟有这样的性状，这种性状只有在一种哲学中
才能被要求，这种哲学对于所有可能的实践概念的
来源（Ursprung），不论它们是先天发生的，还是
仅仅是后天发生的，根本不作判断。

　　因为打算将来出版一部《道德形而上学》，我
现在以这部《奠基》作为先导。尽管对于道德形而
上学，除了**纯粹实践理性**的批判以外，严格说来并
没有其他的基础，就像已经出版的纯粹思辨理性的
批判对于形而上学所提供的一样。但一方面，前者
不像后者那样具有极度的必要性，因为人类理性在
道德的事情方面，甚至凭借最普通的知性也能够很
容易达到高度的正确性和详尽性；相反，理性在理

7

论的、然而纯粹的运用上，却完全是辩证的；另一方面，对于纯粹实践理性批判，我要求它，如果它要彻底完成的话，就必须能够同时体现出它与思辨理性在一个共同的原则之下的统一，因为最终它们其实只能是同一个理性，只是在应用中必须被区别开来罢了。但在这里我还无法把这件事做得如此完备，而不夹进一些完全不同种类的考察并引起读者的混乱。由于这个缘故，我不采用**纯粹实践理性批判**这个命名，而采用**道德形而上学奠基**这个名称。

而第三方面，也由于道德形而上学，尽管有吓人的题目，但却能够具有很高程度的通俗性以及对普通知性的适合性，所以，我发现把这项奠定基础的准备工作从中分离出来是有利的，这样，将来我就不用把在这里不可避免的精细的探讨附加到那些较易理解的学说上去了。

而现在这个《奠基》要做的，不过是寻找并确立**道德性（Moralität）的至上原则**，这单独就构成一件在其意图中完整的、并且和所有其他的德性研究都不同的工作。虽然我对这个重要的、至今为止还远未得到充分讨论的主要问题的主张，将会通过把这个原则应用到整个体系中而获得很好的阐明，并通过这个原则随处可见的充分性而获得高度的确证；只是我不得不放弃这个好处，这个好处从根本上说将会更加利己而不是有益于公众，因为一个原则在应用中的轻便和它表面上的充分性，不能为它

392

的正确性提供任何完全可靠的证明，相反会引起某
种偏见，使人不能就其本身而不顾后果地进行最严
格的审查和思量。

我相信，我在本书中所采用的方法将是最合适
的，只要人们愿意沿着这条路来走，即分析地从普
通的知识进到对这种知识的至上原则的规定，再反
过来综合地从对这个原则的检验和它的来源，回到
它在其中找到自己的应用的普通知识。因此，本书
划分为如下几章：

1. 第一章：从普通的道德理性知识过渡到哲学
的道德理性知识。

2. 第二章：从通俗的道德哲学过渡到道德形而
上学。

3. 第三章：最后一步从道德形而上学走向纯粹
实践理性批判。

第一章

从普通的道德理性知识过渡到哲学的道德理性知识

在世界之中，一般地甚至在世界之外，唯一除了一个**善良意志**（guter Wille）以外，根本不能设想任何东西有可能无限制地被视为善的。知性、机智、判断力及像通常能够被称作精神上的**才能**的东西，或下决心时的勇敢、果断、坚毅，作为**气质**上的属性，无疑从很多方面看是善的、值得希求的；但它们也可能成为极其恶劣和有害的，假如想运用这些自然禀赋并由此而将自己的特有性状称为**性格**（Charakter）的那个意志并不善良的话。对那些由**幸运所赋予**的东西，情况同样如此。权力、财富、荣誉，甚至健康，以及生活状况整个的美满如意，也即所谓的**幸福**（Glückseligkeit），会使人骄傲，因而经常使人狂妄，如果没有一个善良意志在此纠正它们对内心的影响，同时也由此纠正行动的整个原则，使之普遍合于目的的话；更不必说，一个有理性的无偏见的观察者，看到一个绝无丝毫纯粹善良意志的遮羞布的人却无休止地享有康乐，绝不会感到愉悦，于是善良意志看起来就甚至构成了配享幸福的必不可少的条件。

394　有些属性甚至是对这个善良意志自身起促进作用的，并且能够大大减轻它的工作，然而即便如此它们也没有内在的无条件的价值，而总还是以一个善良意志为前提，这个善良意志限制了人们在一般情况下有理由作出的对它们的高估，并且不允许把它们看作绝对善的。在激情和情欲方面的适度、自制、冷静审慎，不仅对多种意图来说是善的，而且看起来甚至构成了人格的**内在**（inneren）价值的一部分；不过要把它们无限制地宣称为善的，那还差得远（即便它们被古人无条件地颂扬）。因为没有善良意志的诸原理，这些属性极有可能成为恶，一个恶棍的冷血不仅会使他变得更加危险，而且会使他在我们眼中直接变得比他不是如此冷血将会被认为的要更加值得让人憎恶。

善良意志并不是因为它产生了什么作用或完成了什么事情，也不是因为它适合于用来达到某个预定的目的而是善的，而只是因为它的意愿而是善的，即它自在地是善的，并且，就其自身来看，必须被评价为比任何仅仅只是有可能用它来实现有利于某种爱好的东西，甚至可以说有利于所有爱好的总和的东西，都无可比拟地要高得多。即使由于特别的时运不济，或者由于无情⁽¹⁾自然的苛待，这个意志完全丧失了实现其意图的能力，假如它尽了最大努力却对此仍然一无所获，只剩下这个善良意志（当然绝不是一个单纯的希望，而是用尽了在我们所能支配的范围内的一切办法）：那么它毕竟会像一颗珠宝一样独自闪闪发光，它是某种在自己自身内就拥有其完全价值的东西。不论有效还是无结果，对于这个价值既不能增添什么，也不能减少什么。有效性仿佛只是为了能够在日常交往中更好地运用这颗珠宝，或者为了吸引那些还够不上是行家的人去注意它，而为它镶嵌的边饰，但却不是向行家们推荐它，并确定它的价值。

　　然而在这个单纯意志的绝对价值的理念中，不算在其评价中的效用，仍然有某种奇怪的事情，以至于哪怕通常的理性都完全同意这个理念，却必定还会产生一种怀疑，即或许暗中作为根据的只不过是不着边际的幻想，而大自然为什么要把理性赋予我们的意志来做主宰，它在这种意图中也有可能会被误解。所以我们要从这一观点来检查一下这个理念。

395

　　在一个有机体，即一个合于生命目的而构造起来的存在者的自然结构中，我们假定为原理的是，在这里面除了对于某个目的也是最为适合并最恰当的器官之外，不会发现任何用于这个目的的器官。

现在，假如在一个拥有理性和意志的存在者身上，他的**养生**（Erhaltung）、他的**安康**（Wohlergehen），一句话，他的**幸福**，就是大自然的本来目的，那么大自然选择这种被造物的理性来作为它的这一意图的主持者，就是对此作出了它的一种很糟糕的安排。因为比起每次都通过理性才能做到来，这种被造物必须在这一意图中实施出来的所有的行动，以及他的行为的全部规则，若由本能来给他拟定将会更为准确得多，而那个目的借此本来也能够更可靠得多地维持下来；而且，如果理性真的应当被赋予这个得天独厚的被造物，那么它本来必定会仅仅在这方面给他以帮助，以便对他本性的这种幸运的禀赋加以思考，为之惊叹，为之欣悦，并为此对那个仁慈的原因感恩就行了；但却不是为了使自己的欲求能力服从这个薄弱而带欺骗性的指导以干扰自然的意图；总之，自然原本会防止理性在**实践的运用**中偏离方向，胆敢用它薄弱的洞察力为自己构想出获得幸福的计划和实现计划的手段来；自然自己原本不仅会选定目的，也会选定手段，而且会以明智的审慎把这两者只托付给本能。

实际上，我们也发现，一个有教养的理性越是处心积虑地想得到生活的享受和幸福，那么这个人离真正的满足就越远，由此就在许多人那里，尤其是许多在运用理性时这样尝试过的人那里，只要他们足够坦白地承认，就会产生出一定程度的**理性**

恨（Misologie），即对理性的**憎恨**，因为在估算了
得到的所有好处之后，我且不说他们从日常奢侈的
一切技术发明中所能得到的好处，而且甚至就连从
各门科学中所得到的好处（科学在他们看来，最终
似乎也是知性的奢侈品），他们却发现，实际上只
是给自己招来了比所获得的幸福更多的麻烦；并且　　396
在这方面，他们最终对那些宁可服从单纯自然本能
的引导而不愿意让理性对自己的行为举止有很多影
响的人的更粗俗的举动，与其说是轻蔑，不如说是
羡慕。就此而言我们必须承认，那些对于理性在幸
福和生活的满足方面据说给我们带来的好处所作的
大言不惭的吹嘘大加克制，甚至贬低为零的人的看
法，绝不是抱怨，或对世界主宰的善意的忘恩负
义；毋宁说，这些看法背后隐藏的根据是他们的实
存之另一个更有价值得多的意图这一理念，理性的
全部使命真正说来就在于这个意图，而不在于幸
福，因此，这意图作为至上的条件必定是人类的私
人意图绝大部分所比不上的。

　　这是因为，既然理性远远不足以适合在意志的
对象及满足我们所有的需要方面（理性甚至部分地
增加了这种需要）可靠地指导意志，而当根深蒂固
的自然本能对于导向这个目的也许更确凿无疑得多
时，理性却仍然作为实践的能力，即作为这样一种
应当影响**意志**的能力而被赋予了我们：那么，理性
就必定具有其真正的使命，这绝不是产生一个**作为**

其他意图的**手段**的意志，而是产生一种**自在的本身就善良的意志**（an sich selbst guten Willen），对这样一个意志来说，理性是绝对必要的，而在别的地方自然在分配它的禀赋时到处都是合目的地进行工作的。所以，这种意志虽然不可能是唯一的、完整的善，但它却必定是最高的善（das höchste Gut），并且是其他一切东西的条件，甚至是对幸福的所有要求的条件；在这种情形下，就可以与大自然的智慧完全一致了，只要人们注意到，对第一位的和无条件的意图所要求的理性的培养，至少在此生以各种不同的方式限制了任何时候都是有条件的第二位的意图，即幸福的实现，甚至有可能使它本身变得一文不值，而大自然在这里的处理方式并非不合目的的，因为理性认识到自己最高的实践使命是建立一个善良意志，它在实现这一意图时，只能按照自己特有的方式，也就是由于实现了一个仍然只由理性所规定的目的，而获得某种满足，哪怕这也许会和爱好的那些目的所遭受到的不少破坏联系在一起。

397　　但现在，为了阐明这个自在的本身就应受到高度评价而没有其他意图的善良意志的概念，就像它已经为自然的健全知性所固有，并且无须教导，只需要得到解释那样，为了阐明这个在评价我们行动的全部价值时总是居于首位并构成所有其他事物的条件的概念：那么我们愿意设想一下**义务**（Pflicht）

这个概念，这个概念包含了一个善良意志的概念，虽然处于某些主观的限制和障碍之下，但这些限制和障碍毕竟远不能把它掩盖起来，使它不被认识，反而通过对比使它更为凸显，并且更加光辉灿烂。

我在这里不谈所有那些已被认作是违背义务的、尽管可能对这些那些意图是有用的行动（Handlungen）；因为它们完全与义务相冲突，所以在它们那里也就连是否有可能**出于义务**（aus Pflicht）而发生这样的问题都根本不存在。我也把那样一些行动排除在外，它们实际上是合乎义务（pflichtmäßig）的，但人们对它们直接地并无**任何爱好**（Neigung），不过由于被另外一个爱好驱使之故却仍然对之加以实行。因为人们很容易区分出，这些合乎义务的行动是**出于义务**，还是出于利己的意图而作出来的。更为困难的是，当一个行动是合乎义务的、并且此外主体还对之有**直接的**爱好时，能够看出上述区分。比如说，一个小商贩不向一个没有经验的顾客索要高价，同时，在生意很好的时候，一个聪明的商人也不这样做，而是对所有人都保持一个固定的一视同仁的价格，以至于一个小孩子从他那里买东西也是和别人一样的便宜，这无疑是合乎义务的。这样，人们由此就会得到**诚实的**服务；但这远远不足以使我们因此就相信，商人之所以这样做是出于义务和诚实原则；他的利益就要求他这样做；但要说，他除此之外还会对顾客有一种直接的爱好，仿佛是出于爱而不让任何人在价格上比别人占便宜，这一点在这里是不能假定的。这样，这种行动之所以发生，既不是出于义务，也不是出于直接的爱好，而仅仅是由于自利的意图。

与之相反，保存自己的生命是一种义务，同时每个人对此都还有一种直接的爱好。但为此之故绝大部分人对此所抱的那种经常的恐惧战兢，却是没有任何内在价值的，他们的准则也没有任何道德内涵。他们保存自己的生命，虽然**合乎义务**，但并不是**出于义务**。相反，如果厌憎和悲伤绝望已使生命整个地索然无味；如果这个不幸的人意志坚强，面对他的命运奋起抗争，而不是怯懦或消沉地想要去死，却仍保持他所不爱的这个生命，不是出于爱好或恐惧，而是出于义务：这时他的准则就有了道德内涵。

在能够做到的情况下做好事，这是一种义务，另外，也有一些灵魂如此易于为同情心所打动，以致他们不带虚荣或利己的其他动因而对于在周围播撒欢乐感到由衷的愉快，而且他们能够对别人的满足感到高兴，只要这满足是他们造成的。但我认为，在这种情形下的这类行动，无论多么合乎义务，多么值得爱戴，却仍然没有任何真正的道德价值，而是和其他的爱好同一层次的，比如，对荣誉的爱好，如果它碰巧实际上符合公共利益，并且是合乎义务的，故而是值得赞赏的，那么它应该受到表扬和鼓励，但不值得非常尊重；因为这种准则缺乏道德内涵，也就是说具有道德内涵的行动不是出于爱好，而只是**出于义务**去做。那么假设那位爱人类者的内心笼罩着自己忧伤的阴云，这种忧伤熄灭了他对别人命运的一切同情，这时他仍然还有能力改善他人的困境，但别人的困苦打动不了他，因为他对付自己的就够麻烦的了，而现在，由于再没有什么爱好来诱惑他，但他却使自己从这死一般的麻木中挣扎出来，不是出于任何爱好，仅仅是出于义务而作出了这一行动，这时他的行动才首次具有了自己真正的道德价值。更有甚者：如果大自然在这个或那个人的心中注入的同情心根本就不多，如果这个人（他在别的方面倒是个诚实的人）气质上很冷漠，对他人的痛苦无动于衷，也许这是由于，他自己对于自身的痛苦天生具备特别的耐受力和持久的坚忍，他假定甚至要求每个其他的人也有同样的能力；如果大自然本来就没有把这样一个人（实在说他也不会是大自然最坏的作品）构造成一个爱人类者，那么，难道他就不会在自己身上还找到一种来源，自己给自己带来一种远远高于一个天生好脾气的人所可能具有的价值？当然可以！那种道德 　399
的、无与伦比的最高的品格的价值恰恰由此开始，因为，他做好事不是出于爱好，而是出于义务。

保证每个人自己的幸福是一种义务（至少是一种间接的义务）；因为身处一个各种焦虑的交织及各种未获满足的需要之中，对自己这种状况缺乏满意就会很容易成为一个巨大的**违背义务的诱惑**。但即使在这里不是着眼于义务，一切人自发地已经有了对幸福最强烈、最内在的爱好，因为一切爱好正是在幸福这个理念中结合为一个总体的。不过，对幸福所作的规范大都具有这样的性状，即它会对某些爱好造成很大的损害，而人们又毕竟不可能对归于幸福名下的所有爱好的满足之总体制定出任何确定可靠的概念来；因此，不必感到奇怪，为何一个单单在预示着幸福的事情方面以及可以得到幸福的满足的时间方面都被确定了的爱好，可能会胜过一个摇摆不定的理念，并且这个人，比如说一个痛风病患者，很可能会选择享受他觉得美味的东西，而承担他所能承担的东西的做法，因为他根据自己的估算，觉得在这里，至少犯不着为了对一个据说包含在健康中的幸福的那些也许毫无根据的期望，而放弃当下瞬间的享受。但甚至在这种情况里，如果对幸福的普遍爱好没有规定他的意志，如果健康对他而言至少并非如此必要纳入这种估算，那么在这里，就如在所有其他的情况下一样，仍然还剩下有一条法则，即并非出于爱好而是出于义务去增进自己的幸福，并且正是这样，他的行为（Verhalten）才首次具有了真正的道德价值。

无疑，由此我们也可以理解《圣经》中的经文，里面命令我们要爱邻人，甚至要爱我们的敌人。因为爱作为一种爱好是无法被命令的，但是出于义务本身的善行，即使根本没有任何爱好驱使我们去实行之，甚至还被自然的、难以克服的反感所抵制，却是**实践性的**（praktische）而非**病理学的**（pathologische）爱[(1)]，它在于意志，而不在于情感偏好；在于行动的原则，而不在于温柔的同情心；但唯独这种实践性的爱能被命令。

（1）"病理学的"在此的意义是指依赖于感性的，或由感性冲动所规定的，具有生理情绪的性质。——译者

　　第二条原理是：一个出于义务的行动，其道德价值**不在于**它所应当借此来实现的**意图**，而在于它据以被决定的准则，因而也不取决于行动对象的实现，而仅仅取决于行动无关乎欲求能力的任何对象而据以发生的**意愿的原则**（Prinzip des Wollens）。我们在行动时可能具有的那些意图，以及它们的那些作为意志之目的和动机（Triebfeder）的结果，不能赋予行动以任何无条件的道德价值，这一点从上面所说的来看是很清楚的。那么，如果道德价值不应当在与意志所期望的结果相关的意志中，它可能在什么地方呢？它不可能在任何别的地方，只能**在意志的原则中**，而不必考虑通过这样一个行动所能够实现的目的；因为意志就像站在十字路口中央一样，正处在本身是形式性的先天原则和本身是质料性的后天动机之间，而由于它毕竟总需为某种东西所规定，所以当一个出于义务的行动发生时，它就必定是被一般意愿的形式原则所规定，因为所有的质料原则都被从它那里抽掉了。

400

　　第三条原理，作为以上两个命题的结论，我

将这样表述：**义务是由敬重法则而来的行动的必然性**。对于作为我计划的行动之结果的客体，我虽然可以有**爱好**，但**绝不会敬重**（Achtung），这正是因为它仅仅是意志的结果，而不是意志的能动性（Tätigkeit）；同样地，我也根本不可能对爱好表示敬重，无论它是我自己的爱好还是别人的爱好，顶多在第一种情况下我是批准它，而在第二种情况下我有时甚至会喜欢它，这就是当我把这种爱好看作是有利于我自己的时候。只有那单纯作为根据，而绝不会作为结果与我的意志相联的东西，那不是服务于我的爱好，而是战胜我的爱好，至少是把我的爱好从选择时的估算中全然排除出去的东西，从而单纯的法则自身，才可能是敬重的对象，因而也是一条诫命。于是，一个出于义务的行动，应该完全摆脱爱好的影响，并连同爱好一起完全摆脱意志的一切对象，从而对意志来说剩下来能够规定它的，客观上只有法则，主观上只有对这种实践法则的**纯**

401 **粹敬重**，因而只有这样一条准则（Maxime）①，即哪怕损害我的全部爱好也要遵守这样一条法则。

　　所以，行动的道德价值并不在于由这行动所期待的结果，因而也不在于其动因需要借自这种被期待的结果的任何一条行动原则。因为，所有这些结

---

① **准则**是意愿的主观原则；客观原则（即，如果理性能完全控制欲求能力的话，也能在主观上用作所有理性存在者的实践原则的那种原则）就是实践**法则**。——康德

果（自己境况的舒适，乃至于对他人幸福的促进）
本来也都可以由其他的原因所产生，所以为此不需
要一个理性存在者的意志，虽然最高的、无条件的
善只能在这样的意志中找到。所以，当然只有**在理
性存在者身上才发生的对于法则的表象**本身，只要
是它而不是预期的结果作为意志的规定根据，它就
能构成我们称为道德的那种首要的善（vorzügliche
Gute），这种善在根据这种法则而行动的人格（Per-
son）本身中就已经存在于当下了，却不可从结果里
才去期待它。①

————————————

① 也许人们会指责我，说我只是在**敬重**这个词背后，在一种模
 糊的情感中寻找逃路，而不是通过一个理性概念对这个问题
 作出清晰的解答。不过尽管敬重是一种情感，但它却不是通
 过受影响而**接受到的情感**，而是通过一个理性概念**自己造成
 的**（selbstgewirktes）情感，并由此与所有前一类情感，即可
 以归于爱好或恐惧的情感，具有特殊的区别。凡是我直接认
 作是我的法则的东西，我这样看都是怀着敬重的，这种敬重
 仅仅是指那种不借助于其他对我感官的影响而使我的意志**服
 从于一条法则**的意识。通过法则而对意志的直接规定以及对
 这种规定的意识就叫作**敬重**，以至于敬重被看作是法则作用
 于主体的**结果**，而不是法则的**原因**。敬重本来就是对一种有
 损于我的自爱的价值的表象。所以敬重乃是这样一种东西，
 既不被看作是爱好的对象，也不被看作是恐惧的对象，虽然
 它与这两者都同时有某种类似之处。所以敬重的**对象**只是**法
 则**，而这法则又是我们自己**加于自身**，但毕竟是作为本身必
 然地**加于自身**的。作为法则，我们无须征求自爱的意见而服
 从于它；作为由我们自己加于自身的东西，它却是我们意志
 的后果，并且在第一种情况下它类似于恐惧，在第二种情况
 下类似于爱好。对一个人格的一切敬重其实只是对法则（比
 如正直等等的法则）的敬重，他在这方面给我们提供了榜样。
 因为我们也把增长自己的才能看作一种义务，所以我们把一

402　　　但是一种什么样的法则有可能成为这种法则，它的表象即便对那从中期待的结果不加考虑，也必定能规定意志，以便这意志能被绝对地、无限制地**称为**善的？既然我从意志那里排除了所有可能会由于遵守任何一条法则而从它产生出来的冲动，那所剩下的就只是一般行动的普遍的合法则性，唯有这种合法则性才应该充当意志的原则，也就是说，我绝不应当以其他方式行事，除非**我也能够愿意我的准则果真成为一个普遍的法则**。如果义务不应到处都是一个空洞的幻想和荒诞的（chimärischer）概念，那么现在单纯的一般合法则性（无须以任何一个被规定在某些特定行动上的法则为基础）在这里就是那种充当意志的原则的东西，并且也必须充当意志的原则；而普通的人类理性在其实践评判中也与此完全一致，并在任何时候都着眼于上述原则。

　　例如有这样一个问题：当我处在困境中时，可否作出不打算遵守的诺言？在此我很容易作出这个问题的含义所可能有的区分，即：作出一个虚假的承诺是否明智？或者，这样做是否合乎义务？第一种情况无疑是可能经常发生的。虽然我完全看到，借助于这种借口来摆脱当前的困窘是不够的，我还必须仔细地考虑，与我现在所摆脱的麻烦

（1）[Interesse：也可译为"兴趣"，但在汉语中兴趣一词的意味与道德相去甚远，故以关切译之。该词在康德的文本中也有"利益"之义，下文会根据具体情况灵活处理。——译者]

个能干的人仿佛也设想为一个**法则的榜样**（在这方面通过练习将和他类似），而这就构成了我们的敬重。一切道德上所谓的**关切**(1)只在于对法则的**敬重**。——康德

24

相比，这种谎言是否会有可能在以后给我带来更大得多的麻烦，并且，因为哪怕我自认为**机关算尽**（Schlauigkeit），这些后果都是很不容易预见到的，以至于一旦失掉信用，就有可能给我带来更多不利，远远大于我现在想要去避免的一切祸害，是否**更明智**的做法是在这里按照普遍的准则行事，并且养成除非有意遵守否则不作承诺的习惯。但在这里我马上就看出，这样一个准则毕竟仍然只是建基于所担心的后果之上的。但现在，真正地出于义务的情况，与出于对不利后果的担心的情况，毕竟有某种全然不同的地方：因为在前一种情况下行动的概念自在的本身已经包含了一种为我设立的法则，而在后一种情况下我必须首先去别处搜寻，看看对我来说与此结合着的可能会是什么结果。因为，如果我偏离了义务的原则，那就完全肯定是恶的；但如果我背离我的明智的准则，这对我却仍然可以是　403
很有些好处的，尽管固守这条准则无疑更加保险。然而，为了以一种最简短却又可靠的方式在欺骗性的诺言是否合乎义务这个问题的回答方面开导自己，于是我自问：假如我的（通过一个不真实的诺言使自己摆脱困窘的）准则被当作一个（对我自己和对他人同样有效的）普遍法则，我对此真的会感到满意吗？而且，我真的会有可能对自己说，如果发现自己处于无法以其他方式摆脱的困窘中，则每个人都可以作出不真实的诺言？这样我马上就会察觉到，我虽然可能想要说谎，但是绝不可能想要一条说谎的普遍法则；因为根据这样一条法则，真正说来将会根本没有任何诺言存在了，因为假装我在未来的行动方面有自己的意志，对于另外那些本来就不相信这一假装的人来说，这种做法将会是徒劳的，或者，如果他们轻率地相信了这种假装，最终也会用同样的方式回敬我，因而我的准则一旦被做成普遍的法则，就必定会自我摧毁。

因此，为了使我的意愿成为道德上善的我必须做什么，对此我根本用不着远见卓识的机敏。在对世事缺乏经验，无力把握世上一切眼前突发的事件的时候，我只要问自己：你也能够愿意你的准则成为一条普遍法则吗？如果不愿意，那么这个准则就是卑鄙的，虽然这不是由于从中会对你或者也对他人冒出某种不利的缘故，而是由于这个准则不能够作为原则而适合于某种可能的普遍立法；但理性迫使我对这立法给予直接的敬重，虽然我现在尚未**看出**这敬重基于什么根据（这尽可以由哲学家来研究），但至少我知道了这么多：它是对远远超过一切由爱好而被称颂的东西的价值之上的那种价值的尊重，而且，我那些出自对实践法则的纯粹敬重的行动的必要性，就是那构成义务的东西，所有其他的动因都必须在它面前让步，因为它是一个**自在的**善良意志的条件，其价值超越一切。

这样，我们就在普通人类理性的道德知识中直

抵了它的原则，虽然这理性并未想到把这个原则以
如此普遍的形式分离出来，但实际上总是念兹在
兹，将其用作自己评判的准绳。这里就会很容易指 404
出，手持这一罗盘，人类理性就会在所面临的一切
情况下很好地懂得去分辨，什么是善，什么是恶；
什么符合义务，什么违背义务，人们即使不教给理
性任何新东西，只要像苏格拉底所做的那样，使理
性注意自己固有的原则，因而也不需要科学和哲
学，人们就知道该如何做才是诚实的和善良的，甚
至才是智慧的和有德的（tugendhaft）。由此也已经
很可以预先猜到的是，对每一个人有责任做、因而
也有责任知道的事情的知识，也将是每个人，甚至
是最普通的人的事业。在这里人们倒是可以不无惊
讶地看到，在普通的人类知性中，实践的评判能力
竟会远远超过理论的评判能力。在后一种评判能力
中，一旦普通的理性冒险脱离了经验规律和感官知
觉，就会陷入到纯然不可理解和自相矛盾之中，至
少会陷入到一种不确定的、模糊的和反复无常的混
乱之中。但在实践的评判能力中，却正是在普通的
知性把一切感性动机都从实践法则中排除掉时，这
种评判能力才开始显示出自己真正的优势。这样一
来，普通知性甚至有了敏锐的分辨力，不论它是想
要在与那些据说是正当的事情相关时都以自己的良
心或者他人的要求加以挑剔，还是也真诚地想要规
定这些行动的价值来使他自己受教，而在大多数场

27

合，它在后面这种情况下恰好可以如同一位哲学家总是可以指望的那样，有希望作出正确的判定，甚至在这里几乎比哲学家本人还要更可靠些，因为一个哲学家毕竟不能拥有与普通知性不同的原则，他的判断倒容易为一大堆陌生的、不相干的考虑所扰乱，而可能偏离正确的方向。这样一来，难道不可以建议在道德的事情上只要有普通的理性判断就行了，顶多把哲学搬出来使道德体系表述得更加完备、更加易懂，并使其规则表述得更适合于运用（但更多的是更适合于争论），但绝不是让普通的人类知性即使是为了实践的意图而偏离其幸运的单纯，并通过哲学把它引向一条研究和教导的新路？

405　　清白无邪是美妙的事，不过从另一方面看也很糟糕，它不能维持自己，很容易被诱惑。正因为如此，智慧自身——它原本更多地倒是在于行为举止而不是知识——毕竟也需要科学，不是为了从其中学习，而是为了使自己的规范为人接受和保持长久。对理性如此值得高度敬重地向人展示出来的那个义务的一切诫命，人在需要和爱好方面在自身中感到一种强有力的抗衡，他把这种需要和爱好的全部满足总括到幸福的名下。于是，理性不妥协地发布命令，却绝不同时对爱好预约某种东西，因而仿佛是带着对那些如此狂烈，同时又显得如此有理的要求（这些要求不愿自身被任何命令取消）的冷漠和蔑视而颁布它的规范的。但从这里就产生了一种

自然的辩证论（natürliche Dialektik），即针对义务的严格法则进行玄想、对其有效性至少是其纯洁性和严格性加以怀疑、并且尽可能使义务更加适合于我们的愿望和爱好这样一种偏好（Hang），也就是说，从根本上败坏它，取消它的全部尊严，这种事情即便是普通的实践理性最终也不能将它称之为善的。

如此看来，**普通的人类理性**不是由于某种思辨的需要（这种需要，只要人类理性满足于只是健全理性，就永远也用不着它），而是本身由实践的理由所推动，从自己的范围走出来，迈出了进入到**实践哲学**领域的步伐，以便由此而通过与立足于需要和爱好之上的准则相对立，而对其原则的来源及其正确的规定获得了解和清楚的指示，理性由此将走出由双方的要求而来的困窘，不致面临由于它容易陷入的模棱两可而丧失一切真正道德原理的危险。所以，恰好就是在普通实践理性中，当它得到培养的时候，同样会不知不觉地产生出一种**辩证论**，这种辩证论迫使它在哲学中寻求帮助，正如理性在理论的运用中所遭遇到的一样，并且前者也正如后者一样，除了在对我们的理性的一个彻底的批判中，在任何别的地方都找不到安宁。

第二章

从通俗的道德哲学过渡
到道德形而上学

当我们已经从我们的实践理性的普通运用中引
出了我们前述的义务概念之后，绝不能由此推出，
我们是把它当作一个经验概念来处理了。相反地，
当我们注意人们的行为举止方面的经验时，我们就
遇到了经常的、也是我们自己承认为正当的抱怨，
即根本不可能援引任何可靠的实例来说明那种出于
纯粹的义务而行动的意向，尽管有些事情的发生可
能会与义务所要求的相符合，但它是否真正出于义
务而发生，从而具有某种道德价值，却始终是还可
疑的。因此，任何时代都有哲学家们全然否定在人
的行动中这种意向的现实性，并把一切都归于或多
或少精致化了的自爱，却并不因此而怀疑这种德性
概念的正当性（Richtigkeit），反而带着由衷的惋惜
谈到人的本性的脆弱和不纯正，人的本性固然高贵

31

得足以给自己树立一个如此值得敬重的理念来作为自己的规范，但同时却过于软弱而无力遵守这规范，并把本来应当用来为自己立法的理性仅仅用来操心爱好的兴趣，无论是个别地操心，或者提高来说，以这些爱好相互之间最大的相容性来操心。

407　　实际上，绝对不可能凭借经验完全确定地断言一个单个事例，说其中某个通常合乎义务的行动的准则是仅仅建基于道德的根据及其义务的表象之上的。因为虽然有时有这种情况，我们通过最严厉的自省，也无法找到任何东西，除了义务的道德根据之外，能有足够的力量推动我们作出这样那样的善行、付出如此巨大的牺牲；但由此我们根本不能有把握地断定，确实完全没有任何隐秘的自爱冲动，藏在那个理念的单纯假象之下，作为意志真正的规定性的原因；为此我们倒是乐于用表面上适合我们的更高贵的动因来迎合自己，但事实上，即使进行最严格的审查，我们也绝不可能完全走进背后隐藏的动机，因为，如果谈论的是道德价值，那么问题就不取决于人们看到的行动，而取决于人们看不到的那些内部的行动原则。

对于那些把一切德性（Sittlichkeit）嘲笑为某种由于自命不凡而过分自夸的人类想象力的单纯幻影的人，人们能为他们提供的他们所希望的效劳，莫过于向他们承认，义务的概念（就像人们由于懒散也乐于置信其余所有概念也莫不如此那样）必须仅仅从经验中引出来；因为这样人们就为他们准备了一场十拿九稳的胜利。出于爱人类，我愿意承认，我们的大多数行动还是合乎义务的；但如果人们更贴近地看看这些行动孜孜以求的东西[1]，就会到处遇到那个总是赫然醒目的心爱的自我，这些行动的意图正由这自我出发，而不是出于多半会要求自我克制的那个义务的严格命令。一个人，甚至根本不用与德行为敌，只需成为一个冷静的观察者，不至于把对善的最热切的愿望立即看成善的现实（Wirklichkeit），就会（尤其是随着年岁的增长，同时判断力通过经验变得更加精明、更加敏于观察）在某些时刻怀疑：这个世界上甚至是否确实能见到任何真正的德行。而在此，没有什么东西能防止我们完全背离我们的义务理念，也不能在灵魂中保持对其法则的已经建立的敬重，除了这种明白的确信（Überzeugung）：哪怕从来没有过从这样纯粹的来源中产生的行动，但在这里所说的完全不是这件或那件事是否发生，而是理性单独地、独立于所有现象，而要求什么应当发生，因而，迄今为止世界上也许还没有过先例的那些行动，把一切建立在经验之上的人甚至会怀疑其可行性，但却正是由理性锲而不舍地要求的，比如说，尽管可能直到现在还没有过一个真诚的朋友，但每一个人还是有可能不折不扣地要求在友谊中要有纯粹的真诚，因为这一义务，作为一般的义务，先行于任何经验，而

（1）原文为 ihr Tichten und Trachten，其中 Tichten 应为 Dichten，该成语为"一心追求"之意。——译者

408

33

存在于一个通过先天根据来规定意志的理性的理
念中。

　　进一步说，如果人们毕竟不想怀疑德性概念的
一切真实性及其与任何一个可能客体的联系，人们
就不能否认其法则具有如此广泛的含义，以至于必
定不仅对人，而且对**所有一般的理性存在者**都有
效，不仅在偶然条件下并例外地有效，而且**绝对必
然地**有效：那么就很清楚，没有任何经验能够提供
哪怕只是推论出这样毋庸置疑的（apodiktisch）法
则之可能性的理由。因为，我们有什么权利把或许
只是在偶然条件下对人类有效的法则，当成适用于
每一理性存在者的普遍规范，加以无限制地敬重？
而且，规定**我们**的意志的法则如何应当被看作一般
地规定某个理性存在者的意志的法则，并只是作为
这样的法则也被看作我们意志的法则，如果这些法
则只是经验性的，而非完全先天地源于纯粹的、但
却是实践的理性？

　　甚至人们对德性（Sittlichkeit）所能提出的最
糟糕的建议，莫过于想把德性从实例中借来了。因
为，每一个摆在我面前的这方面的例子，本身都
必须先根据道德性（Moralität）的原则加以评判，
看其是否配作本源的例证，也就是说，配作楷模
（Muster），但它绝不可能提供出道德性的至上的概
念。即便是福音书中的圣徒（der Heilige des Evan-
gelii），在人们把他认作圣徒之前，也得先和我们那

位道德完善的理想⁽¹⁾进行比较；甚至他都对自己
这样说：为什么你们把（你们看见的）我称为善的？
除了（你们看不见的）唯一的上帝，没有谁是善的
（善的原型）。但是，对于作为至善的上帝，我们从
何处得到他的概念呢？只能出于那个由理性先天地
对道德完善性所拟定的、并与一个自由意志的概念
不可分割地联结着的理念。模仿在德性中根本无立
身之处，而各种榜样则只是用作鼓励，即把法则所
命令的东西的可行性变得毫无疑问，把实践规则更
普遍地表达出来的东西变得可以直观，但它们绝不
可能使我们有权把存在于理性中的真正原型放到一
旁而按照榜样行事。

　　如果的确没有任何德性的真正至上原理不是必
须独立于所有经验而仅仅建基于纯粹理性之上的
话，那么我相信，没有必要哪怕去问一问，如果这
种知识应当与普通知识区别开来并被称为哲学知识
的话，把这些概念就像它们连同隶属其下的那些原
则一起先天地确立那样普遍地（抽象地）阐发出来，
是否是件好事。但在我们的时代这样问倒可能是很
有必要的。因为假如人们搜集一下意见，看是脱离
一切经验的纯粹的理性知识，从而道德形而上学受
欢迎，还是通俗的实践哲学受欢迎，那么马上可以
猜出，哪一方将会占优势。

　　如果先有向纯粹理性原则的提升，提升到完全
令人满意，那么这种向民众概念（Volksbegriffen）

(1) 指耶稣基督。
　　　　——译者

409

35

的下降当然就是很值得称赞的了，这将意味着，先将道德的学说（die Lehre der Sitten）**建基于**形而上学之上，待其稳固之后，再借助于通俗性使它**可被接受**。但前一种研究决定着诸原理的一切正确性，在这种研究中，就已经想要满足这种通俗性，这却是极其荒谬的。这样的做法，不仅绝不能对真正的**哲学通俗性**这种极为罕见的功劳提出要求，因为如果人们在此放弃了一切彻底的洞见，就完全不存在任何进行普及的技巧，同样，这使得一种由拼凑起来的观察和半是玄想的原则混合起来的令人恶心的大杂烩暴露无遗，头脑肤浅的人对此津津有味，因为它毕竟可以用作日常闲聊的谈资，而有洞察力的人则感到困惑和不满，但却得不到帮助，就会掉转自己的目光，虽然完全看穿了这些把戏的哲学家们，当他们暂时撤回这种假冒的通俗性，只是为了可以在争取到确定的洞见之后再正当地进行通俗化时，也很少有人听他们的。

410

人们只须看一下在那种随心所好的趣味里对德性的探索，他们就会见到，一会儿是人类自然本性的特殊规定（但有时也是关于某种一般的理性本性的理念），一会儿是完善性，一会儿又是幸福，这里是道德情感，那里是对上帝的畏惧，在一个奇怪的混合体里，从这里弄一点儿，又从那里弄一点儿，他们从来不会突然想到要问一问，是否能够哪怕在任何地方，从关于人类自然本性的认识中（我们毕竟只能从经验中获得这样的认识）找到德性的原则，若非如此，如果这些原则能够独立于一切经验，完全先天地在纯粹理性概念中，而丝毫也不能在任何其他地方找到，那就考虑一下最好把这种研究作为纯粹的实践人世智慧，或者作为道德的（如果可以用一个如此声名狼藉的名称的话）形而上学①，而完全孤立起来，使其独立自为地达到自己全部的完备性，并劝那些要求通俗性的公众等到这一工作的完成。

但这样一种完全孤立的道德形而上学，不能与任何人类学、神学、物理学或超物理学（Hyperphysik）相混淆，更不能与隐秘的质（mit verborgenen Qualitäten）（我们或许可称之为准物理学（Hypophysik）的性质）相混淆，它不仅是理论上有更可靠规定的全部义务知识之不可或缺的根基，而且同时是对于现实地执行这些义务规范而言最为重要的必备条件。因为，这种义务的和一般来说德性法则的纯粹表象，不混杂有经验性刺激的任何外来附加物，只通过理性之途（理性由此第一次觉察

---

① 如果愿意的话，我们也可以（正如纯粹数学区别于应用数学，纯粹逻辑学区别于应用逻辑学一样）把纯粹道德哲学（形而上学）与应用道德哲学（即应用于人类自然本性的道德哲学）区分开来。通过这一命名，人们也会马上回想起，德性原则并非建基于人类自然本性的特点之上，而必定是先天独立存在的，但它们必定能够从那些特点中如同为每个有理性的自然本性引出来那样，因而也为人类的实践规则引出来。——康德

到它自身独立地也可以是实践的）对人心具有如此
巨大的影响，远比可由经验性领域所调动的其他不
论什么动机①都强得多，以致它凭其对自身尊严的
意识鄙视来自经验的动机，并能逐渐成为它们的主
宰；与此相反，一种从情感与爱好的动机中，同时
又从理性概念中复合起来的混杂的道德学说，必定
使内心（Gemüt）在不能纳入任何原则之下的那些
动因之间摇摆，这些动因只能非常偶然地导向善，
但更经常地也能导致恶。

　　由以上所述可知：所有的德性概念都完全先天
地在理性中有自己的位置和起源，这无论在最普通
的人类理性中还是在最高程度的思辨理性中都同样
是如此；它们绝不能从任何经验性的、因此只是偶
然的知识中被抽象出来；它们的尊严正在于其来源
的这种纯粹性，值得被用作我们至上的实践原则；

---

① 　我收到过已故的、杰出的**苏尔策**的来信，他在信中问我，为
　什么那些德行的说教，即使对理性而言有如此大的说服力，
　却收效甚微，其原因究竟何在。为了准备给出圆满的解答，
　我推迟了回复。答案仅仅在于，说教者自己还没能把这些概
　念弄得纯粹，并且在他们想通过从各方面找到德性上善的各
　种动因而痛下针砭，以便做好这件事情时，他们就败坏了这
　些概念。因为最平常的观察都表明，当人们把一个正直的行
　动表象为像是完全摆脱了对此岸或彼岸世界的任何一种好处
　的愿望那样，哪怕在需要和诱惑的最强烈的吸引下，也被以
　坚定的灵魂来实行时，这个行动就把每个类似的、哪怕受到
　丝毫另外的动机影响的行动远远抛在后面，并使之黯然失色
　了，它将提升灵魂，并且激起人们也能够如此行动的愿望。
　即便中等大的孩子也感觉得到这样的印象，人们绝不应以任
　何其他的方式向他们表象义务。——康德

每次有人添加进任何经验性的东西，也就在同等程度上剥夺了它们对于行动的真正影响和不受限制的价值；不仅在事情只取决于思辨时，在理论的意图上要求最大的必然性，而且也具有实践上的最大重要性的做法是，从纯粹理性中汲取这些概念和法则，使之纯粹而不混杂地阐述出来，乃至于规定这全部实践的或纯粹的理性知识的范围，也即规定纯粹实践理性的全部能力，但在这样做的时候，不是使这些原则依赖于人类理性的特殊自然本性，就像 412 思辨哲学或许会允许的、有时甚至会认为是必要的那样，而是由于道德法则应该一般地适用于每一个理性存在者，而就将它们从一般理性存在者的普遍概念中引申出来，并且以这种方式完备地（这是以这种非常特殊的认识方式很容易做到的）阐述全部道德学，这道德学在**应用**于人的时候需要人类学，但首先作为纯粹哲学，即作为形而上学，要独立于人类学，要知道，如果我们不占领形而上学，那么不要说在所有合乎义务的事情中对这义务的道德性在思辨的评判上作精确的规定是白费力气，就连在单纯普通的和实践的运用中，尤其在道德教导中，也将不可能把道德建基于其真正的原则之上，由此产生纯粹的道德意向（moralische Gesinnungen），并把它们为了世界上最高的善（zum höchsten Welt-besten）而灌输进人们的心灵。

但为了在这一加工过程中，通过各个自然的阶段，不仅从普通的道德评判（它在此是很值得重视的）前进到哲学的道德评判，像已经做过的那样，而且从某种除了能够借助于实例来摸索就不再往前走一步的通俗的哲学前进到形而上学（这形而上学可以不再受任何经验性的东西所阻碍，并且，由于它必须测定这类理性知识的全部总和，必要时就直达连实例都离开了我们的那些理念那里），我们就必须把理性的实践能力从其普遍的规定规则一直追踪到义务概念由之发源的地方，并对之作出清晰的描述。

　　自然的一切事物都按照规律发生作用。唯有一个理性存在者才具有**按照**对规律［法则］的**表象**，即按照原则去行动的能力，或者说它具有**意志**。既然从法则引出行动来需要**理性**，所以意志就不是别的，只是实践理性。如果理性免不了要规定意志，则这样一种存在者的行动，作为客观必然的来认识，也是主观必然的，就是说，意志是一种只选择那种理性不依赖于爱好而认为在实践上是必然的、也就是善的东西的能力。但如果理性凭自己单独不足以规定意志，如果意志还受到那些并不总与客观

413 条件相一致的主观条件（某些动机）的支配，简言之，如果意志不是**自在地**完全合乎理性（这就像在人身上现实发生的那样）：那么被认为客观上必然的那些行动就是主观偶然的了，而按照客观法则对这样一个意志的规定就是**强制**（Nötigung），就是

说，客观法则与一个并非绝对善良的意志的关系可以被表象为对一个理性存在者的意志的规定，虽然是通过理性的根据来规定，但这一意志按照其自然本性而言并不是必然服从这些根据的。

一个客观原则的表象，就其对一个意志有强制性而言，可称为（理性的）诫命（Gebot），而这诫命的形式可**称为命令**（Imperativ）。

所有的命令都用"应当"来表述，并由此表示出理性的客观法则对一个意志的关系，这个意志按其主观性状（Beschaffenheit）来说，并不必然地由此被规定（并不成为一种强制）。这些命令说，做某件事或不做某件事就会是善的，但却是对某个这样的意志说的，该意志并不总是因为设想自己做某件事会是善的就去做它。但凡实践上善的就是那种东西，它借助理性的表象来规定意志，从而不是由于主观原因，而是客观上，即出于对每一个这样的理性存在者本身都有效的根据。这与**快适**（An-genehmen）不同，快适只是通过感觉（Empfindung）的方式，出于单纯主观的原因而对意志产生影响，这个主观原因只对这个人或那个人的感官（Sinn）适用，而不是作为理性的原则适用于每一个人。①

---

① 欲求能力（Begehrungsvermögen）对感觉的依赖性就叫作爱好，因而它总是表现出一种**需要**。而某个可以偶然规定的意志对理性原则的依赖性叫作**兴趣**(1)。因此，只有在并非任何时候都自发地合乎理性的一种依赖性的意志那里才会发生兴

（1）[Interesse，也可译作关切。——译者]

414

因而一个完全善良的意志，尽管同样也会服从（善的）客观法则，但却不能由此将它表象为**被迫**按照法则行动，因为它自发地按其主观性状只能为善的表象所规定。故而，没有什么命令适合**上帝的**意志，或者一般地说，**神圣的**意志；在这里不是这种应当所该待的地方，因为**意愿**自发地已经必然与法则相一致了。由此，命令只是表达一般意愿的客观法则与这个或那个理性存在者意志的、比如人类意志的主观不完善性之间的关系的公式。

现在，一切**命令**的要求要么是**假言的**（hypothetisch），要么是**定言的**（kategorisch）。前者把某个可能行动的实践必要性[1]，表现为达成人们所**想要的**（或至少有可能这样愿望的）其他某物的手段。定言命令则把某个行动自身独立地就表象为客观—必要的，与其他目的毫无关系。

由于每个实践法则都把某个可能的行动表象为

（1）"必要性"和其他很多地方译作"必然性"的，均出自德文Notwendigkeit（或notwendig），该德文词有两种含义，中译者将根据不同上下文采取不同译法。——译者

而在神的意志中人们不能设想有任何**兴趣**。但即使人的意志也可以对此**感兴趣**而并不因此就**出于兴趣而行动**。前者意味着对行动的**实践的**兴趣，后者则意味着对行动对象的**病理学**的兴趣。前者只表明意志对理性自在的原则本身的依赖性，后者表明意志是为了爱好的需要而依赖于这样的原则，即在这里理性只提供爱好的需要如何被满足的实践规则。在第一种情况下我感兴趣的是行动，在第二种情况下感兴趣的是行动的对象（只要它使我快适）。在第一章里我们已经看到，在一个出自义务的行动那里，我们必须不是着眼于对对象的兴趣，而仅仅是着眼于行动本身和它在理性中的原则（法则）。——康德

善的，(1) 并因此表象为对一个可以被理性在实践上规定的主体来说是必然［必要］的，所以一切命令都是规定那种行动的公式，这行动按照一个以某种方式是善的、意志的原则是必然［必要］的。现在，如果这行动唯有作为**实现他物**的手段才是善的，那么这命令就是**假言的**；如果这行动被表象为**自在地**就是善的，从而在一个本身就符合理性的意志中，作为其原则，乃是必然［必要］的，那么这个命令就是**定言的**。

> (1) 这里的"善的"（gut）应在比较宽泛的意义上理解，即"好的"，因为这几段所谈的同时适用于假言命令和定言命令。
> ——译者

所以命令表明，由我而可能的哪个行动会是善的，并表现为与某个意志相关的实践规则，这个意志不会因为某个行动是善的就马上实施这一行动，这部分是因为主体并不总是知道这个行动是善的，部分是因为即使知道这点，该主体的准则还是可能会违背实践理性的客观原则。

所以假言命令只是表明，行动对于某种**可能的**意图或**现实的**意图而言是善的。在前一种情形中它是**或然的**（problematisch）实践原则，在后一种情形中它是**实然的**（assertorisch）实践原则。定言命令，宣称其行动不与任何一种意图相关，甚至没有任何别的什么目的，自身就是客观必要的，这种定言命令就被看作**必然的**（apodiktisch）实践原则。

人们能够把只是通过某个理性存在者的力量而可能的东西，设想为对于任何一个意志也是可能的意图，从而，行动的原则只要被表象为对于实现某

415

种由此而得以可能的意图是必要的，实际上就是无限多的。所有的科学都有一个实践的部分，这个部分由以构成的是这样的任务，即某个目的对我们来说要是可能的，以及这样的命令，即如何能够实现这一目的。所以，这些命令一般地说可以称为**熟巧**（Geschicklichkeit）的命令。至于这目的是否要是理性的和善的，这里完全不问，而只问为达到这一目的必须做什么。医生为使其患者完全康复的处方，与投毒者为了保证致人于死地的处方，就其用来完全实现各自的意图而言，具有同样的价值。由于人在年幼时还不知道，在生活中我们会碰上哪些目的，于是父母就试图先让孩子学**各种各样的东西**，并为运用这些针对各种各样**随便什么目的的手段的熟巧**而操心，这些目的他们并不能确定将来能否现实地成为被他们养护者的目标，但却是他有一天**可能会**拥有的目标，这种操心是如此迫切，以至于父母们普遍忽视了训练他们对也许有可能会成为自己的目的的那些事物的价值作出判断，并校正他们的判断。

然而，仍有一个目的，是可以在所有理性存在者那里（就命令适合于他们，即适合于有依赖性的存在者而言）被预设为现实的目的的，从而是他们不只是可能具有，而且是人们能够有把握预设他们根据自然必然性全部都会**具有**的意图，这就是对**幸福**的意图。把行动的实践必要性表象为促进幸福的手段的那种假言命令，乃是**实然的**（assertorisch）。

人们不可把这种命令表现为仅仅对某种不确定的、只是可能的意图来说是必要的，而应把它表现为对人们可以肯定地和先天地在每个人那里都预设的意图来说是必要的，因为这属于人的本质。于是，在最狭隘的意义上，人们可以把选择实现他自己最大福利的手段的那种熟巧称为**明智** (Klugkeit)。① 所以，关系到选择实现自己幸福的手段的命令，即明智的规范，就总还是**假言的**；这种行动并不是绝对地，而只是作为达到其他意图的手段被要求的。

　最后还有一种命令，它并不以任何一种必须借某种特定的行为才实现的其他意图为条件和根据，而是直接地命令这种行为。这种命令是**定言的**。它不涉及行动的质料和应当由此而来的结果，而是涉及行动的形式及原则，这行动本身即由此而来；而行动中本质性的善在于意向，至于结果怎样，可听其自便。这种命令就可以叫作**德性**的命令。

　基于以上三类原则的意愿也可以借对意志的强制性的**不同**而作明确的区分。为使这种不同更加显而易见，我以为最稳妥的是按照它们的次序来为之

---

① 明智这个词有双重意义，第一层意义可称为对世故的明智 (Weltklugkeit)，第二层意义可称为私人的明智 (Privateklug-keit)。前者是指一个人影响他人、以将他们用于自己的意图的熟巧。后者是指把所有这些意图结合成他自己的长远利益的洞见 (Einsicht)。后者是真正的意义上的明智，甚至前一种明智的价值也要归结于它，而且如果某人在前一种意义上、但不在第二种意义上是明智的，对他我们能够说的毋宁说是：他是聪明的、狡猾的，但总的来说还是不明智的。——康德

命名，这时我们就会说：它们要么是熟巧的**规则**，要么是明智的**建议**（Ratschläge），要么是德性的**诫命（法则）**。因为只有**法则**才带有某种**无条件的**，也就是客观的从而普遍有效的**必然性**的概念，而诫命是必须服从的法则，亦即哪怕会有与爱好相冲突的后果也必须服从。**提供建议**（Ratgebung）虽然包含必然性［必要性］，但这必然性只是在主观的、偶然的条件下，在是否这个那个人把这件那件事视为他的幸福的条件下，才能有效；与此相反，定言命令不受任何条件限制，并作为绝对必然的、尽管是实践上必然的命令，可以名副其实地称之为诫命。人们可以把第一类命令也称为**技术的**（属于技艺），第二类称为**实用的**①（属于福利），第三类称为**道德的**（属于一般的自由行为，即属于道德）。

417

现在产生了这样一个问题：所有这些命令是如何可能的？这个问题并不指望弄明白，怎样才能够设想命令所要求的行动的实行，而只是怎样能够设想命令在任务中所表达出来的对意志的强制性。一个熟巧的命令如何可能，大概无须特别的探讨。任何人想要达到这种目的，也会（只要理性对他的行

---

① 在我看来，**实用的**一词的原本的含义这样才能得到最准确的规定。因为**法纪**（Sanktionen）被称为实用的，它们并非严格地作为必然的法则来源于国家的法制（Recht），而是来源于为普遍福利所作的防护（Vorsorge）。一部**历史**的编写是实用的，如果它使人**明智**，即能够教导世人如何去更好地或至少与有史以来同样好地照顾到他们的利益。——康德

动有决定性的影响）要求对该目的不可或缺的那个
必要的、在其控制范围内的手段。这一命题就意
愿而言是分析的；因为在把某个客体作为我的结果
来意愿时，我的原因性（Kausalität）就已经被设
想为行动的原因（Ursache），即设想为手段的应用
了，并且，命令正是从对这一目的的、意愿的概念
中，就已经引出达到这一目的所必要的行动的概念
了（把手段本身规定为是针对既定目标的，这当然
包含有综合命题，但这些综合命题并不涉及根本，
即意志活动，而只涉及使客体实现出来）。为了按
某条可靠的原则把一条直线分为两个相等的部分，
我就必须从这直线的两个端点画出两条相交的弧
线，这当然是数学家仅仅通过综合命题来教导的；
但是，如果我知道只有通过这个做法所设想的结果
才会发生，那么当我想完成这一结果，我也就愿意
作出这一结果所要求的行动，这就是一个分析命题
了；因为，把某物表现为通过我以某种方式才得以
可能的结果，与把我表现为考虑到结果而以这种方
式行动，完全是一回事。

　　只要很容易给出幸福的确定概念，那么明智的
命令就会与熟巧的命令完全一致，并且同样也会是
分析的。因为在这两种情形中同样都是：谁想要达
到目的，也就（必然地按照理性的要求）愿意有为
此力所能及的独特的手段。但不幸的是，幸福的概 418
念是一个如此不确定的概念，以至于尽管每个人都

想得到幸福，但他从来不能确定地并且自身一致地说出，什么才是他真正希望的和愿意的。其中的原因在于：所有属于幸福概念的要素，全都是经验性的，即都必须借之于经验；然而对幸福的理念来说，在我当前的和任何将来的状况中却需要一个绝对整体，一个最大福分。现在，最有洞察力、同时最具备能力，但毕竟是有限的存在者，要构想出在这里他究竟想要什么的确定的概念，都是不可能的。如果他想要财富，他将会由此招来多少烦恼、嫉妒与觊觎（Nachstellung）啊！如果他想要博学与明察，这也许只能成就一双仅仅是更加锐利的慧眼，只是为了使那些现在还对他隐藏着却最终无法避免的灾祸越加令人恐惧地向他显示出来，或者给早就够他忙活的欲望再加上更多的需求。如果他想长寿，谁能向他担保，那不会变成长久的痛苦呢？至少他想要健康吧，而经常还是身体的不适才阻止了那么多不受限制的健康本来会任其陷入的放纵，如此等等。简言之，他不可能按照任何一种原理来万无一失地规定什么将会使他真正幸福，其原因在于，为此就会需要全知（Allwissenheit）。所以，为了获得幸福人们不可能按照确定的原则行动，而只能遵照经验性的建议，如养生、节俭、礼貌、克制，等等。经验告诉我们这些东西通常最能增进福利。由此可见，严格说来，明智的命令根本不可能下命令，即不可能把行动客观地表现为实践上**必然**

的（praktisch-notwendig）；它与其说必须看作理性的诫命（praecepta），毋宁说必须看作理性的劝告（consilia）；可靠而普遍地规定何种行动会增进一个理性存在者的幸福，这是一个完全不可能解决的课题，从而就幸福来说，任何一个命令要在严格意义上要求去做使人幸福的事情都是不可能的，因为幸福不是一种理性的理想（Ideal），而是想象力的理想，仅仅建立在经验性的基础上，而期望经验性的根据可以规定某个行动，借此来达到一个实际上无限的后果序列的总体，那是徒劳的。然而，如果我们假定能够可靠地给定达到幸福的手段，明智命令就会成为一个分析的实践命题；因为它与熟巧命令的区别就只在于，后者的目的仅仅是可能的，而前者的目的却是给定的；但既然两者都只是对于人们预设为想要作为目的的东西的一个手段，所以，对于想达到目的的人要求他对于手段有愿望，这种命令在这两种情况下都是分析的。于是，在这样一种命令的可能性上也就没有任何困难了。

419

相反，**德性**命令如何成为可能，无疑就是唯一需要解答的问题了，因为它绝不会是假言的，从而也不会将其客观地表象出来的必然性建立在任何前提之上，就像假言命令的情形那样。只是在此我们永远不可忽视的是，**绝不能通过例证**、从而经验性地判定是否在什么地方有这样一种命令，应该担忧的倒是，所有那些看上去是定言的命令，骨子里其实有可能是假言的。例如，如果这样说：你不应该做欺骗性的承诺；而人们认为不这样做的必要性，绝不只是对避免某种另外的灾祸而提出的忠告，以至于例如会说：你不应做虚假的承诺，不是因为这将使你在事情暴露时丧失信用，而是这样一种行为必须被视为本身就是恶的，因此这个禁止的命令就是定言的了；但我们还是不能通过例证肯定地阐明，意志在这里并无其他的动机而只是由法则决定的，尽管看上去似乎如此；因为对羞耻的隐秘恐惧，或许还有对其他危险的模糊担忧，都总是可能对意志发生影响的。当经验所告诉我们的只不过是我们对一个原因毫无知觉的时候，谁又能通过经验来证明那个原因的非存在（das Nichtsein）呢？但在这样的情况下，那看似定言的、无条件的所谓道德命令，事实上就将会只是一种实用的规范，这规范使我们注意到自己的利益，并只是教我们重视这种利益。

420 　　所以，我们将不得不完全先天地探讨**定言**命令的可能性，因为在经验中给出命令的现实性、因而对这种可能性就不必加以确立、只须加以说明这种好处，在这里对我们是没有用的。然而同时，目前必须认清的是：只有定言命令才说得上是实践法则，剩下的虽然全都可以称为意志的**原则**，但却不能称为法则；因为，凡是只对实现某一随意的意图是必要的东西，其自身可以被看作是偶然的，如果我们放弃这一意图，我们任何时候都可以摆脱这样的规范；与此相反，无条件的诫命并未给意志留下随意做相反的事的自由，从而唯有它才具有了我们对法则所要求的那种必然性。

其次，在定言命令或德性法则（Gesetze der Sittlickeit）方面，这种（洞察其可能性的）困难的理由也是巨大的。它是一个先天综合实践命题，[①]由于在理论知识中看出这种类型命题的可能性就困难重重，所以可以很容易地推断出，在实践知识中的困难也不会更小。

在这一任务方面，我们首先要研究，是否仅仅一个定言命令的概念或许连包含有唯一能作为定言命令的命题的命令公式也不会提供出来；因为这样一个绝对诫命如何可能的问题，即使我们知道了它原话是如何说的，还是需要特殊的、艰难的努力，这种努力我们将留待最后一章进行。

如果我一般地设想一个**假言**命令，那么我事先并不明白它将包含什么内容，直到它的条件被给予了我为止。但如果我设想一个**定言**命令，那么我立

----

① 我不以来自任何一种爱好的条件为前提，而是先天地、从而必然地（虽然只是客观地，即在某个对所有主观动因都有完全的强制力的理性理念之下），把意志与行为（die Tat）联结起来。所以这是一个实践命题，这个命题不是把行动的意愿，从另一个已被预设的意愿中分析地引导出来（因为我们没有如此完善的意志），而是把这意愿与一个理性存在者的意志的概念，作为在它之中没有包含的东西，直接地联结起来。——康德

即就能知道它包含的内容。因为定言命令除法则外，只包含符合这条法则的那个准则（Maxime）[①] 的必然性，但这法则却不包含限制自己的条件，所以除了行动准则所应与之符合的那个一般法则的普遍性之外，便什么也没有剩下来，而定言命令真正说来单单只把这种符合表象为必然的。

因而，定言命令只有唯一的一个，这就是：**你要仅仅按照你同时也能够愿意它成为一条普遍法则的那个准则去行动。**

现在，如果能够从这唯一的命令中，就推导出义务的所有命令来，就像从它们的原则中推导出来那样，那么尽管我们还不能断言，那被称为义务的东西是否根本就是一个空洞的概念，但至少我们能够表明，由它我们想到了什么，以及这一概念想说什么。

由于结果据以发生的法则的普遍性构成了在最普遍的意义上（按照形式）本来被称为**自然**的东西，即事物的存有，只要这存有是按照普遍的法则来规定的，那么，义务的普遍命令也可以这样来表述：**你要这样行动，就像你行动的准则应当通过你的意**

---

① **准则**是行动的主观原则，必须和**客观原则**，即实践法则相区别。准则包括被理性规定为与主体的条件（经常是主体的无知甚至爱好）相符合的实践规则，从而是**主体**据此而**行动**的原理；法则却是对一切有理性的存在者都有效的客观原则，和**据此应当行动**的原理，也就是一个命令。——康德

志成为普遍的自然法则一样。

现在我们要列举出几种义务，并按照习惯的分类将其划分为对自己的义务和对他人的义务，完全的义务和不完全的义务。①

1.一个人，由于一系列接踵而来、使人绝望的痛苦而感到厌倦生活，但他还拥有自己的足够的理性，能够问问自己，结束自己的生命是否会违背他对自己的义务。现在他试验一下：他的行动的准则是否有可能成为一条普遍的自然法则。但他的准则却是：如果生命虽有更长的期限却要面对更多痛苦的威胁，而不是许诺快适（Annehmlichkeit），我就从自爱出发把缩短自己的生命作为我的原则。只要再问一句，这条自爱的原则能否成为一条普遍的自然法则。这时人们却马上看出，一个自然，如果其法则竟是通过具有促进生命的使命的同一种情感来破坏生命本身，就将是自相矛盾的，因而不会作为自然而存在了，所以那条准则就不可能成为普遍的自然法则，它由此而会与所有义务的那个至上原则完全相冲突。

422

---

① 在此必须指出，我将义务的划分完全留给我将来的《道德形而上学》，所以这里只是（为了安排我的例子）随意作出的划分。另外，我在此所谓的完全的义务是那种不允许任何有利于爱好的例外的义务，而且我在这里不仅有外在的，而且还有内在的**完全的义务**，这与学院中对这个词所采取的用法正好相反，但我没有想要在此作出辩护，因为无论人们是否接受我的观点，对我的意图而言都是一样的。——康德

2.另外一个人，发现自己由于贫困而不得不借钱。他很清楚，自己将无力偿还，但他也知道，如果不明确地承诺到一定的期限偿还，就会什么也借不到。他乐于作出这样一个承诺；但他还有足够的良知扪心自问：以这样的方式摆脱困境，是否是不允许的和违背义务的呢？假定他还是决心这样去做，那么他的行动准则就会这样表述：如果我认为自己急需用钱，我就去借钱并承诺偿还，哪怕我知道这永远也不会兑现。现在这个自爱的原则，或对自己有利的原则，也许与我将来的全部福利倒是很一致的，但现在的问题是：这种做法对吗？于是我把自爱的这种要求转变成某种普遍的法则，并这样设问：假如我的准则变成一条普遍的法则，那又会是怎样的情况。我现在马上可以看出，这一准则绝不可能作为普遍的自然律而有效并与自身协调一致，而是必定会自相矛盾。因为，每个人一旦认为自己处于困境中就可以作出他临时想到的随便什么承诺，却故意不去遵守，这样一条法则的普遍性就会使承诺和人们在作出承诺时可能怀有的目的本身都变得不可能了，因为任何人都不会再相信人家对他作出的任何承诺，而会把一切这样的表示看作无聊的借口而加以嘲笑。

423　　3.第三个人，在自身中发现一种才能，这种才能通过一些培养有可能使他成为在各方面有用的人。但他发现自己处在舒适的环境中，并且宁愿沉溺于享乐而不愿努力扩展和改善他幸运的自然禀赋。然而他还是会问：他荒废自己的自然天赋，这条准则除了与他寻欢作乐的偏好（Hang）本身相一致以外，是否也和人们叫作义务的东西相一致。那么他将看出，虽然自然根据这样一条普遍法则总还能存在下去，哪怕人们（像南太平洋的岛民一样）让他们的才能荒废，并且只想把自己的生命用于游手好闲、寻欢作乐和种族繁衍，一句话，用于享受；但他不可能**愿意**这会成为一条普遍的自然法则，或者让自然本能将它作为这样一个法则置入我们之中。因为作为理性存在者，他必然愿意他身上的一切能力得到发展，因为这些能力毕竟是为了各种可能的意图为他服务和被赋予他的。

4. 还有**第四个人**，境况如意，然而，当他看到别人不得不去克服极大的艰难困苦时（他也有能力帮助他们），却想：这跟我有什么关系？就让每个人都如上天所愿，或者如他能使自己做到的那样幸福吧；我不想从他那里得到什么，甚至也不会嫉妒他；只是我没有兴趣对他的福利或他在困境中所需要的做点什么！现在，如果这样一种思维方式（Denkungsart）成为普遍的自然法则，人类当然还会安然无恙，而且无疑比起每个人都奢谈同情和好意，哪怕尽量也把它们附带地付诸实施，但是另一方面只要可能就欺骗人，就出卖人的权利，或者在别处侵害它们来，要更好些。但是，尽管根据那个准则一种普遍的自然法则依然很好地存在是可能的；然而**愿意**这样一条原则作为自然法则而处处有效却是不可能的。因为一个决心这样做的意志，将会是自相矛盾的，这是由于，他需要别人的爱和同情这样的情况毕竟有时是可能发生的，而凭借这样一条产生于他自己的意志的自然法则，他就会自己剥夺自己期望得到帮助的全部希望了。

424 这些就是许多现实的，或者至少我们认为是如此的义务中的一些义务，它们的划分很清楚是由上面所述的同一个原则来着眼的。我们必定**能够愿意**我们行动的准则成为一条普遍的法则：一般来说这就是对行动作道德评判的法规（Kanon）。有些行动有这样的性状：它们的准则就连无矛盾地被**设想**为普遍的自然法则也不可能，更不用说我们还会**愿意**它应当成为这样一个法则了。在其他一些行动那里虽然不会遇到那种内在的不可能性，但是却仍然不可能**愿意**它们的准则被提升为一条自然法则的普遍性，因为这样一个意志将会是自相矛盾的。人们很容易看出，前者违背了严格的或狭义的（不容免除的）义务，后者只是违背了较广义的（值得赞许的）义务，这样，就责任的方式（而不是其行动的客体）而言，全部的义务就通过这些例子在它们对同一个原则的依赖中被完备地展示出来了。

现在，如果我们在每次违背义务时注意一下自己，我们就会发现，我们实际上并不愿意我们的

准则真能成为一条普遍的法则，因为这对我们来
说是不可能的；毋宁说，倒是这些准则的反面应当
普遍地保持为一条法则；只是我们自以为有这种自
由，为了自己或者（哪怕只是这一次）为了有利于
我们的爱好而**例外**一次。所以，如果我们从同一个
视点，即理性的视点出发去衡量一切情况，我们就
会在自己意志中发现一种矛盾，就是说，某一原则
客观上必须要是普遍法则，然而主观上却不能普遍
有效，而要允许有例外。然而，当我们一方面从某
个完全与理性符合的意志的视点来考察我们的行
动，接着另一方面却又从某个受爱好影响的意志的
视点来考察这同一个行动时，那么这里实际上就不
是什么矛盾，倒是有爱好与理性规范的一个对抗
（antagonismus），由此原则的普遍性（universalitas）
就变成了单纯的普适性（generalitas），这样一来，
实践的理性原则就会在半途与准则相遇。现在，虽
然这不能在我们自己无偏颇地作出的判断中获得充
分根据（gerechtfertigt），但它还是证明了一点，即
我们实际上承认定言命令的有效性，并且（带着对
它的最大敬重）只是允许自己有一些在我们看来无
关紧要和迫不得已的例外而已。

　　这样我们就至少已经说明了，如果义务是一个 425
应当含有意义和含有为我们的行动现实立法的概
念，它就只能以定言命令而绝不能以假言命令来表
达；同时，我们还清楚地、通过为每一应用作规定

而阐述了必须包含全部义务之原则（如果一般来说有这类原则的话）的那个定言命令的内容，这已经很多了。然而我们还未做到先天地证明这类命令现实地存在，证明有一种绝对的、无须任何动机而独立地下命令的实践法则，以及服从这个法则就是义务。

要达到这一意图，最为重要的是要警惕，千万不要有这样的想法，想要从**人类本性的特殊属性**中推导出这个原则的实在性。因为义务应当是行动的实践上无条件的必要性；所以，它必须适用于一切理性存在者（一个命令任何时候只能针对它们），而且**唯因如此**它也才是全部人类意志的一个法则。相反，从人性的特殊禀赋、从某些情感和偏好，甚至如果可能的话，从人类理性特有的、并不必然对每个理性存在者的意志都适用的特殊倾向（Richtung）中推出来的东西，虽然可以为我们提供某种准则，但不能提供任何法则，只能提供某种主观原则，我们拥有可以据此行动的偏好和爱好，但不能提供某种客观原则，据此我们将**奉命**行动，哪怕我们的一切偏好、爱好和自然倾向（Natureinrichtung）都反对也罢，甚至主观原因对之越少赞成、越多反对，就越是证明一个义务中诫命的崇高和内在尊严，而丝毫也不会由此削弱法则的强制性和对其效力有所剥夺。

在此，我们看到哲学事实上被置于一个尴尬的

立场上，这个立场据说是稳固的，尽管无论在天上
或地下都没有使它得到依附或支持的东西。在这
里，哲学应当证明自己的纯正性（Lauterkeit），证
明它是自身法则的自持者（Selbsthalterin），而不是
法则的传播者（Herold），后面这种法则是由某种
移植来的意义（ein eingepflanzter Sinn）或谁知道
怎样一种受监护的本性暗示给哲学的，这些法则，
尽管它们聊胜于无，却全都永远不能提供理性所颁
布的原理，这些原理绝对必须具有完全先天的来
源，并同时由此拥有其颁布命令的权威：这不能期
望于人的爱好，而是一切都期望于法则的至上威权
和对它应有的敬重，或在与此相违背的情况下就判
处人以自我蔑视和内疚。

  这样，一切经验性的东西作为德性原则的附属
品，不仅完全不适合于德性的原则，而且甚至极其
有损于道德的纯正性，在道德中，一个绝对善良
意志真正的、超出一切价格之上的价值（über allen
Preis erhabene Wert）正在于：行动的原则摆脱了只
能由经验所提供的偶然根据的任何影响。针对在经
验性的动因和规律中寻求原则的这种懒散的或者简
直是低劣的思维方式，我们也不能太多或太频繁地
发出我们的警告；因为人类理性在它疲倦时喜欢靠
在这个枕头上休息，并在甜蜜欺骗的美梦中（它们
让它拥抱的毕竟不是天后，而是浮云），把由完全
不同出身的各种成分拼凑起来的混血儿偷换为德

426

性，人们想在这个混血儿身上看出什么，它就像什么，只是对那些曾经一窥德行（Tugend）的真实形象的人来说，它绝不像是德行。①

所以，问题就是这样的：**对所有理性存在者来说**，将其行动任何时候都按照他们自己能够愿意其应当用作普遍法则的那样一些准则来评判，难道是一条必然法则吗？如果它是这样的一条法则，那么它必定已经（完全先天地）与一般理性存在者的意志这个概念结合在一起了。但是，为了揭示这种联系，人们不管有多么拒斥，都必须再跨出一步，也就是进到形而上学，尽管是进到一个与思辨哲学的427 形而上学不同的领地，即迈入道德形而上学。在一种实践哲学中，我们所关心的不是**发生**之物的根据，而是即使从未发生却**应当发生**之物的法则，也就是客观的实践法则：在此我们没有必要着手去探求这样一些理由，即为什么某物讨人喜欢或不讨人喜欢，单纯感觉的快乐（Vergnügen）如何不同于鉴赏，而鉴赏又是否区别于理性的普遍愉悦；愉快和不快的情感基于什么，由此而来的欲望和爱好又是怎么从这些情感中、但却通过理性的合作而产生出各种准

---

① 看到在其真正形象中的德行，这无非就是摆脱感性事物的一切混合以及摆脱报酬或自爱的一切不真实的饰物来表现德性。只要每个人稍稍尝试一下运用其抽象能力尚未完全被毁坏的理性，就会很容易看到德行是如何使得对爱好显得有吸引力的其余一切都黯然失色。——康德

则来；因为所有这些都属于一种经验性的灵魂学说，它将构成自然学说的第二个部分，如果人们把建基于**经验性规律**的自然学说看作**自然哲学**的话。但这里所谈的是**客观的实践法则**，从而是就一个意志只被理性规定而言它与自身的关系，在这种情况下与经验性的东西有关的一切都被自动地排除掉了；因为，如果**理性自己独自**规定行为（我们现在正是要探讨这种可能性），它必须先天必然地这样做。

意志被设想为一种自己**按照某些法则的表象**规定自身去行动的能力。而这样一种能力只能在理性存在者那里找到。现在，用来作为意志自我规定的客观基础的，就是**目的**（Zweck），而目的如果单纯由理性给予，就必然对所有理性存在者同样有效。相反，只包含行动的可能性根据的东西，就叫作**手段**（Mittel），这行动的结果就是**目的**。欲望的主观根据是**动机**（Triebfeder），意愿的客观根据是**动因**（Bewegungsgrund）；因此，就有建基于动机的主观目的和取决于对每一个理性存在者都有效的动因的客观目的的区别。实践原则，如果不考虑一切主观目的，就是**形式的**；当他们以这些主观目的、因而以某些动机为依据时，就是**质料的**。一个理性存在者自己随意预设为其行动**结果**的那些目的（质料的目的），全都只是相对的；因为只有它们仅仅与主体的某种特别形成的欲望能力的关系才给予了它们以价值，因此，这价值不能提供对所有理性存在者乃至对每个意愿普遍有效的和必然的原则，即实践法则。因此，所有这些相对的目的都只是假言命令的根据。

428

然而，假设有某种东西，**其自在的存有**本身（dessen Dasein an sich selbst）就具有某种绝对价值，它能作为**自在的目的本身**而成为确定的法则的根据，那么在它里面，并且唯一地只有在它里面，就包含某种可能的定言命令的，即实践法则的根据。

现在我要说，人以及一般的每一个理性存在者，都作为自在的目的本身而**实存**，**不仅仅作为**这个或那个意志随意使用的**手段**，而是在他的一切不管指向自己还是指向其他理性存在者的行动中，都必须总是**同时**被看作**目的**。一切爱好的对象都只具有某种有条件的价值；因为，如果爱好和建立在爱好之上的需要不存在了，那么它们的对象就不会有任何价值了。爱好本身，作为需要的来源，远不具有它们被希求的那样一种绝对价值，毋宁说，完全摆脱它们倒必定是每个理性存在者的普遍愿望。这样，一切通过我们的行动所**获得**的对象，其价值总是有条件的。有些存在者，它们的存有虽然不基于我们的意志而是基于自然，但如果它们是无理性的存在者，它们就只具有作为手段的相对价值，因此而叫作**事物**（Sachen）；与此相反，理性存在者就被称之为**人格**（Personen），因为他们的本性已经凸显出他们就是自在的目的本身，即某种不可仅仅被当作手段来使用的东西，因而在这方面就限制了一切任意（Willkür）（并且是一个敬重的对象）。因此，这些不仅仅是主观目的，其实存作为我们行动的结果**对我们来说**有某种价值，而且是**客观目的**，即这样一些物，其自在的存有本身就是目的，也就是这样一种再也没有其他目的能替代的目的，其他目的应当**仅仅**作为手段来为它服务，因为否则任何地方都将根本找不到什么具有**绝对价值**的东西了；但是假如一切价值都是有条件的，因而是偶然的，那么对理性来说就将无论何处都找不到什么至上的实践原则了。

因此，如果应当有一种至上的实践原则和就人类意志而言的一种定言命令，那么它必定是这样一种原则，这一原则从某种**作为自在的目的本身**、因而对每一个人来说必然都是目的的东西这个表象中，构成意志的一种**客观**原则，从而能够充当普遍 429 的实践法则。这个原则的根据是：**理性的本性是作为自在的目的本身而实存的**。人必然这样设想他自己的存有；所以就此而言，这也就是人类行动的一条**主观原则**。但每一个其他的理性存在者，也正是这样按照对我也适用的同一个理性根据来设想其存有的；① 因此，它同时也是一个**客观的**原则，从它

---

① 这里我把这样一个命题作为悬设（Postulat）提出来。对此人们将在最后一章找到根据。——康德

这样一个至上的实践根据中必定能把意志的全部法则推导出来。所以，实践命令将是如下所述：**你要这样行动，把不论是你的人格中的人性，还是任何其他人的人格中的人性，任何时候都同时用作目的，而绝不只是用作手段。**我们要看一看，人们是否能做到这一点。

还是用前面的例子，那么：

第一，根据对自己的必然义务的概念，那个打算自杀的人会问自己：他的行动是否能与**作为自在的目的本身**的人性的理念并存。如果他为了逃避难以承受的境遇而毁灭自己，那么，他就是把人格仅仅当作一个手段，用以维持某种可以忍受的状况直到生命的终结。但人不是事物，从而不是某种可以仅仅被当作手段来使用的东西，而是必须在他的全部行动中总是被看作自在的目的本身。因此，我根本不能支配我人格中的人性（den Menschen），将它摧残、伤害或杀死（为了避免一切误解而对这条原理作更进一步的规定，如为了保全自己而截肢、为了保存我的生命而使自己冒生命危险，等等。我在这里都不得不省略掉了；这些规定都属于原来意义上的道德学）。

第二，就对他人的必然义务或应尽的义务而言，那么一个正打算对别人作虚假承诺的人将立即看出，他想要把另一个人**仅仅当作手段**来利用，而不是把后者当作自身同时也包含有目的的。因为，那个我为了自己的意图而想通过这样一种承诺来加以利用的人，不可能同意我对待他的这种方式，因而自身不可能包含这一行动的目的。如果引入侵犯他人自由和财产的例子，这种与其他人的原则的冲突就更明显地引人注目了。因为在此显而易见的是，践踏人的权利的人，是想把他人的人格仅仅用作手段，而没有考虑到他人作为理性存在者任何时候都应当同时被当作目的，也就是说，只当作必须能够对这同一个行动也包含目的于自身的理性存在者而受到尊重。①

430

第三，就对自己的偶然的（值得赞许的）义务而言，行动不与在我们人格中作为自在的目的本身的人性相冲突，这仍是不够的，行动还必须与它**协调一致**。现在，在人性中有达到更大完善性的禀赋，这些禀赋就我们主体中的人性而言属于自然的目的；忽视这些禀赋，或许仍可以与作为自在目的本身的人性的**保存**（Erhaltung）相共存，但不能与对这个目的的**促进**（Beförderung）相共存。

---

① 人们不要认为，"己所不欲，勿施于人"（quod tibi non vis fieri）这种老生常谈在此可以用作准绳或原则。因为这句话只是从上述那个原则中推导出来的，尽管有各种限制；它绝不可能是普遍法则，因为它既不包含对自己的义务的根据，也不包含对他人的爱的义务（Liebepflicht）之根据（因为有不少人会乐于同意，别人不应对他行善，只要他可以免除对别人表示善行），最后，也不包含相互之间应尽的义务之根据；因为罪犯会从这一根据出发对要惩罚他的法官提出争辩，等等。——康德

第四，关于对他人的值得赞许的义务，一切人所抱有的自然目的就是他自己的幸福。现在，如果没有人会对他人的幸福有所助益，但也并不故意地对这种幸福加以剥夺，那么虽然人性还会能够存在；但如果每个人也不尽其所能地努力促进他人的目的，那么前一种情况毕竟只是消极地，而不是积极地，与**作为自在目的本身的人性**协调一致。因为作为自在的目的本身的主体，其目的也必须**尽可能**地成为我的目的，不论那个表象会对**我**发生怎样的结果。

人性以及一般的每个有理性的自然，**作为自在的目的本身**（这是任何一个人行动自由的至上的限制条件），它的上述原则不是从经验借来的：第一是因为它的普遍性，既然它能一般地针对所有的理性存在者，而没有任何经验足以在这方面规定什么；第二是因为在这个原则里，人性不是（主观地）被表现为人的目的，即不是被表现为人们实际上自发地当作目的的对象，而是被表现为客观目的，这个客观目的不管我们可能想要有什么样的目的，都应当作为法则构成一切主观目的的至上的限制性条件，因而它必须来自纯粹理性。就是说，一切实践立法的根据**客观上就在于**使这种立法能成为一条**规律**［**法则**］（尽可能是自然规律）的那种**规则**和普遍性的形式（按照第一个原则），**主观上**则在于**目的**；然而，全部目的的主体是作为自在的目的本身

431

的每一个理性存在者（按照第二个原则）：于是由此就得出了意志的第三条实践原则，作为意志与普遍的实践理性协调一致的至上条件，即**作为普遍立法意志的每一个理性存在者的意志的理念**。

根据这个原则，一切与意志自己的普遍立法不能够共存的准则都要被拒斥。所以意志就不是仅仅服从法则，而且是这样来服从法则，以至于它也必须被视为是**自己立法的**（selbstgesetzgebend），并且正是由于这一点才被视为是服从法则的（对这一法则它可以把自己看作是创始者）。

以前面的方式所表述的那些命令，即行动的那种普遍的、类似于**自然秩序**的合规律性的命令，或者自在的理性存在者本身的普遍**目的优先**的命令，虽然正因为它们被表现为定言的，而从其颁布命令的权威中排除了作为动机的任何一种**利益**的全部混杂；然而，它们只是被**假定**为定言的，因为人们如果要想说明义务概念，就必须作出这样的假定。但是，存在着一些定言地下命令的实践命题，这将不会独立地得到证明，正如这在本章也还根本不能做到一样；然而，有一件事还是有可能做到的，即在命令本身中，通过它可能包含的某一规定，将会同时暗示在出于义务的意愿方面排除了一切利益，[1] 以此作为定言命令区别于假言命令的特殊标志，而这件事是在目前这原则的第三个公式中做到的，即在每个理性存在者的意志作为**普遍立**

(1) 利益：Interesse，苗力田先生译作"关切"。结合上文康德对假言命令和定言命令所作的区分来看，译作"利益"似乎更加恰当一些。康德在那里提醒我们，必须注意区分出那些表面上看定言的、骨子里却是假言的命令，这种命令只是实用的规范，教我们注意并重视自己的利益（请参看《奠基》，419）。在这里，通过普遍立法的意志的理念，我们就可以确定地把建基于利益的命令与定言命令区别开来。——译者

432

67

法的意志这个理念中做到的。

因为如果我设想这样一个意志，那么尽管一个**服从法则**的意志还可能借某种利益而受该法则的约束，然而一个本身是至上的立法者的意志就此而言却不可能依赖于任何一种利益；因为这么一个依赖的意志就会本身还需要另一条法则，来把它自爱的利益限制在对普遍法则有效的条件之上。

所以，每个人类意志都作为一个**凭借其全部准则而普遍立法的意志**，这样一条原则，① 假如通常只有这种原则才是对的（Richtigkeit），它就会由于下面这一点而**非常适合**于成为定言命令，即正是由于这个普遍立法的理念之故，它**不可能建基于任何利益上**，因而在所有可能的命令中只有它能够是**无条件的**；或者我们还不如把这个命题颠倒过来：如果有某种定言命令（即一种对于理性存在者的每个意志的法则），那么它只能命令说：从自己意志的这条准则出发去做一切事情，如同这意志可以同时把自己当作普遍立法的对象那样；因为只有这样，实践原则和意志所服从的命令才是无条件的，因为它们能够完全不以任何利益为基础。

现在，当我们回过头来看以往每次为揭示德性原则所作的全部努力，就毫不奇怪为什么它们必然

---

① 我在这里可以不再用例子来说明这个原则，因为一开始用来说明定言命令及其公式的那些例子，在这里全都正好可以用于这一目的。——康德

全都失败了。人们看到，人通过其义务而受法则的
约束，但未能想到他服从的只是**他自己的**、但却仍
然是**普遍的立法**，而且他只受这种约束（verbunden
sei），就是按照自己的、但根据自然目的而普遍立
法的意志来行动。因为当人们把自己设想为只是
服从某条法则（不管是什么法则）时，那么这种　　433
法则必然会带有某种作为诱惑或强制（Zwang）的
利益，因为它并未作为法则从**他的**意志中产生出
来，而是这个意志按照法则在被**其他的东西**强迫着
以某种方式行动。然而，通过这种完全必然的推
论，为寻求义务的一个至上根据的全部工作都无可
挽回地白费了。因为人们得到的绝非义务，而只是
出自某种特定利益而行动的必然性。这种利益可能
是自己的，也可能是其他人的。但这样一来，命令
就必然会总是有条件地作出的，完全不可能适用于
道德诫命。因此，我想把这一原理叫作意志的**自律**
（Autonomie）原则，来与任何其他的、我归之于**他**
律（Heteronomie）的原则相对立。

　　每个理性存在者，都必须通过它意志的全部准
则把自己看作普遍立法的，以便从这一视角出发来
评判自身及其行动，这样一个理性存在者的概念，
就引向一个依赖于它的、极富成果的概念，即**一个**
目的王国（eines Reichs der Zwecke）的概念。

　　但我理解的**王国**，指的是不同的理性存在者
通过共同的法则形成的系统联合（systematische

Verbindung）。现在既然法则根据其普遍有效性规定了目的，那么，如果我们抽象掉理性存在者的个人的差异，同时也抽象掉他们的私人目的的全部内容，就将能够设想在系统联结中一切目的（既是作为自在目的的理性存在者，又是每个理性存在者可能为自己设立的特有的目的）的一个整体，即一个目的王国，这按照上述诸原则是可能的。

因为所有理性存在者都服从这条法则：他们中的每一个都应当**绝不把自己和所有其他的理性存在者仅仅当作手段**，而是在任何时候都**同时当作自在的目的本身**来对待。但这样就产生出理性存在者通过共同的客观法则而形成的一种系统的联合，即一个王国，而由于这些法则的意图正在于这些存在者互为目的和手段的关系，这个王国就可以叫作目的王国（当然这只是一个理想）。

然而，如果一个理性存在者虽然在目的王国中普遍立法，但自己也服从这些法则，那它就作为**成员**（Glied）属于目的王国。如果它作为立法者不服从任何一个其他理性存在者的意志，它就**作为首脑**（als Oberhaupt）属于目的王国。

434 　　理性存在者任何时候都必须把自己看作在一个通过意志自由而可能的目的王国中的立法者，无论是作为成员，还是作为首脑。然而，对于后一种地位，它不能只凭其意志的准则来保持，而只有当它是一个完全独立的存在者，并不需要也不限制与其意志相符的能力时，才得以保持。

所以，道德性（Moralität）就在于一切行动与立法的关系，只有通过这种关系，一个目的王国才是可能的。但这种立法必定能在每个理性存在者自己身上找到，并能从他的意志中产生，因此意志的原则是：不要按照任何别的准则去行动，除非它能够同时作为一条普遍法则而存在，所以只是这样去行动，**这个意志能够通过其准则把自己同时看作普遍立法的**。现在，如果这些准则不是由其本性已经必然地与作为普遍立法的理性存在者的这一客观原则一致，那么根据这原则行动的必然性就叫作实践的强制，即**义务**。义务并不适合于目的王国中的首脑，但它却适合于、并且完全在同等程度上适合于它的每个成员。

根据这条原则行动的实践必然性，也即义务，完全不以感情、冲动和爱好为基础，而仅仅基于理性存在者相互之间的关系，在这种关系中，一个理性存在者的意志必须永远同时被看作**立法的意志**，因为否则这些理性存在者就不能被设想为**自在的目的本身**了。从而理性把普遍立法的意志的每个准则都联系于每一个其他意志，也联系于每一个针对自身的行动，并且理性这样做并不是为了任何其他的实践的动因，或者未来的好处，而是出于一个理性存在者的**尊严**（Würde）的理念，这个理性存在者只服从那同时也是他自己所立的法。

在目的王国中，一切或者有**价格**（Preis），或者有**尊严**。一个有价格的事物也可以被其他的事物作为其**等价物**（Äquivalent）而替换；与此相反，凡超越于一切价格之上、从而不承认任何等价物的事物，才具有尊严。

与普遍的人类爱好和需要相关的事物，具有一种**市场价格**（Marktpreis）；而甚至不以需要为前提也适应于某种鉴赏力，即适应于我们内心诸能力在纯然无目的的游戏中的愉悦的事物，则具有一种**玩赏价格**（Affektionspreis）；但凡是构成某物能成为自在目的本身的唯一条件的事物，就不仅仅具有一种相对的价值，即价格，而是具有内在的价值，即**尊严**。

现在，道德性就是一个理性存在者能成为自在目的本身的唯一条件，因为只有通过道德性，理性存在者才可能成为目的王国中的一个立法成员。所以，德性和具有德性能力的人性，就是那种独自就具有尊严的东西。工作中的熟巧和勤奋具有市场价格；机智、生动的想象力和诙谐（Launen）具有玩赏价格；相反，信守承诺、出自原理（Grundsätze）（而非出自本能）的好意，才具有内在的价值。自然也好，技艺也好，都不包含能够在上述品质缺乏之处代替它们的东西；因为它们的价值不在于从中产生的结果，不在于它们所提供的好处和用途，而在于意向，即在于意志的准则，这些准则以这种

方式准备好在行动中展现自己，哪怕结果未必有
利于它们。这样的行动既不需要由任何主观倾向
（Disposition）或鉴赏力来推崇，以直接的偏爱和
愉悦来评价它们，也不需要对它们有直接的偏好或
情感：它们把实施这些行动的意志表现为直接敬重
的对象，对此除了理性而外什么都不要求，以便把
行动**委托**给意志，而非从意志中**诱骗**出行动，后面
这种做法在涉及义务时终归会陷入矛盾。所以这一
尊重也给这样一种思维方式赋予了被承认的尊严这
种价值，并使它无限地高居于一切价格之上，完全
不可能将它与这些价格放在一起来估价和比较，仿
佛不玷污它的神圣性。

那么，究竟是什么使道德的善良意向或德行有
权提出如此之高的要求呢？这只不过是它使理性存
在者参与到了**普遍立法**中来，并通过这种参与使这
个理性存在者适于成为一个可能的目的王国中的成
员，对此理性存在者通过自己的特有本性本来就已
确定了的，它作为自在的目的本身，同时正因此而
作为目的王国中的立法者，在所有自然规律面前是
自由的，它只服从它自己所立的、并据此能使它的
准则从属于一种普遍立法（同时它自己也服从）的
法则。因为除了法则为它规定的价值，它并无其他　436
价值。但这规定所有价值的立法本身，正因此必定
具有一种尊严，即无条件的、无与伦比的价值；对
此，只有**敬重**这个词给出了与一个理性的存在者应

该给予它的尊重相称的表达。所以，**自律**（Autono-mie）是人的本性以及任何理性本性的尊严之根据。

但上述表现道德原则的三种方式，从根本上说只是同一法则的多个公式而已，其中任何一种自身都结合着其他两种。然而在它们之中毕竟有一种差别，虽然这差别与其说是客观—实践上的，不如说是主观的，即为的是使理性的理念（按照某种类比）更接近直观，并由此更接近情感。这就是说所有的准则都具有：

1）一种立足于普遍性的**形式**，于是道德命令的公式就是这样表述的：必须这样来选择准则，就好像它们应当如同普遍的自然规律那样有效；

2）一种**质料**，即目的，于是这公式就是：有理性的存在者，作为其本性中的目的，从而作为自在的目的本身，必须对每个准则充当在一切仅仅相对的和任意的目的上的限制性条件；

3）通过那个公式给全部准则**一个完整规定**，即：所有出于自己的立法的准则，应当与一个可能的目的王国——就像与一个自然的王国那样①——协调一致。这一进程在这里，就如同通过意志的形

---

① 目的论把自然当作一个目的王国来考虑，道德学把一个可能的目的王国当作一个自然王国来考虑。在前者目的王国是解释现存事物的一个理论的理念。在后者，它是一个实践的理念，为的是使尚未存在、但通过我们的行为举止能成为现实的事物，恰恰按照这一理念实现出来。——康德

式的**单一性**（它的普遍性），质料的（客体的，即
目的的）**多数性**，和其系统的**全体性**或总体性这些
范畴那样进行。但如果人们在道德评判中，总是遵
循严格的方法来处理，并把定言命令的这条普遍性
公式作为基础：**你要按照同时能使自身成为普遍法
则的那条准则去行动，那就会做得更好。**但是，如　437
果人们同时想给德性法则**提供**一个入口，那么引导
同一个行动历经上述三个概念，并由此使它尽可能
地接近直观，这是很有用的。

　　我们现在可以在我们开始出发的地方，即一个
无条件的善良意志的概念这里结束了。**这个意志是
绝对善的**，它不可能是恶的，所以它的准则，如果
被做成一条普遍法则，绝不可能与自身冲突。所以
这样一个原则也就是它的至上法则：总要按照这样
一条准则行动，它的普遍性你同时也能够愿意作为
法则；这就是一个意志在其下能够永远不与自身相
冲突的唯一条件，并且这样一个命令就是定言的。
由于意志作为对可能行动的普遍法则的那种有效
性，与作为一般自然形式的那种按照普遍规律［法
则］的物的存有之普遍联结有类似之处，所以，定
言命令也可以这样来表达：**你要按照能把自身同时
当作对于对象的普遍自然规律的那些准则去行动。**
所以一个绝对善良的意志的公式就具有这种性状。

　　这样看来，理性的自然区别于其余的自然，就
在于它为自身设定了一个目的。这一目的将会是

任何一个善良意志的质料。但是，既然在这个没有（实现这种或那种目的的）限制条件的绝对善良的意志的理念中，一切要**起作用**的目的（zu be-wirkenden Zwecke）都必须被完全抽象掉（这样的目的只会使任何意志成为相对善良的），所以，在这里目的不是作为一个要起作用的目的，**而是独立自主的**目的（sondern selbstständiger Zweck），故而只是被消极地设想，亦即，绝不能和它相违背地去行动，因而这个目的必须绝不是单纯作为工具，而是任何时候都同时当作目的在每个意愿中受到尊重。现在，这一目的只能是所有可能目的的主体本身，因为这一主体同时也是一个可能的绝对善良的意志的主体；这是因为，这样一个意志不可能无矛盾地追随于任何其他对象之后。因此这一原则：你在和每个理性存在者（不管是你自己还是别人）相关时都要这样行动，使这理性存在者在你的准则中同时被看作自在的目的本身，和另一原理：你要按照一个在自身中同时包含有其自身对每个理性存在者的普遍有效性的准则来行动，这在根本上是一样的。因为，在使用手段于每个目的时，我应该把自己的准则限制在它的普遍有效性对任何一个主体都可作为法则这一条件下，这就等于是说，目的的主体，即理性的存在者自身，任何时候都必须不单纯作为手段，而是作为所有手段使用的至上的限制性条件，也就是在任何时候都必须同时作为目的，而成为一切行动准则的根据。

于是由此就无可争议地得出：任何一个理性存在者，作为自在的目的本身，不论它所服从的是什么样的法则，必须能够同时把自己看作普遍立法者，因为正是它的准则之适合于普遍立法，才使理性存在者作为自在的目的本身凸显出来，与此同时，它的这种优先于一切单纯自然物的尊严(特权)使得它任何时候都必须从它自身的视角出发、但同时也要从任何其他有理性的、作为立法者的存在者(它们正因此也被称为人格)的视角出发来采用自己的准则。于是，一个理性存在者的世界 (mundus intelligibillis⁽¹⁾)，作为一个目的王国，以这种方式就有可能，这就是通过作为成员的所有人格的自己立法而可能。因此，任何一个理性存在者都必须这样行动，就好像它通过自己的准则任何时候都是普遍的目的王国中的一个立法成员一样。这些准则的形式原则是：你要这样行动，就好像你的准则同时应当用作(一切理性存在者的)普遍法则一样。所以，一个目的王国，只是依照和自然王国的类比才有可能，但前者只是按照准则，即自身担当的规则才可能，后者只是按照外在的强制起作用的原因的规律才可能。尽管如此，人们虽然把自然整体看成机器，但就自然整体与作为它的目的的理性存在者有关而言，却毕竟出于这个理由而赋予了它自然王国之名。现在，这个目的王国将会通过这样一些准

(1) 拉丁文：理知的世界。——译者

则——它们的规则是由定言命令颁布给所有理性存在者的——而实现出来，**如果这些准则被普遍遵守的话**。然而，尽管理性存在者即使自己一丝不苟地遵守这些准则，它却不能指望其他每个理性存在者因此也同样信守这些准则，同样也不能指望自然王国及其合目的的秩序与作为一个合格成员的理性存在者在一个由它自身而可能的目的王国上达到协调一致，也就是说，不能指望自然王国有利于理性存在者对幸福的期待，——尽管如此，那条法则，即你要按照一个普遍立法的成员为某种只是可能的目的王国所立的那些准则而行动，依然具有充分的效力，因为它是定言地下命令的。不过正是在这里就包含着一个悖论：仅仅这种作为理性本性的人性的尊严，不计由此而能达到的任何其他目的和好处，因而仅仅对一个单纯理念的敬重，却要来充当意志的一丝不苟的规范，并且，恰好在这准则对一切这类动机的独立性中，存在有准则的崇高，以及每一个理性主体成为目的王国的一个立法成员的这种尊严；因为若不然，理性主体就必将会表现为仅仅服从它的需要的自然规律了。虽然可以设想，不论自然王国还是目的王国，都将统一在一个首脑之下，这样目的王国就会不再只是单纯的理念，而将获得真正的实在性，但这样一来，那个意志由此虽然将增加一个强有力的动机，却绝不能有助于增加它的内在价值；因为，尽管如此，这位唯一不受限制的立法者自身，却仍然必须被设想为这样，仿佛它只根据其不自利的、纯然从那个理念出发而规范自己本身的行为来评判理性存在者的价值似的。事物的本质并不因其外在的关系而改变，而且唯有那不考虑这些关系的东西独自构成了人的绝对价值，不论是谁，甚至于最高存在，都必须据此来评判人。所以，**道德性**（Moralität）就是行动与意志自律的关系，这就是通过意志的准则而对可能的普遍立法的关系。能与意志自律共存的行动，是**允许的**（erlaubt），不合乎意志自律的行动，是**不允许的**。其准则必然与自律法则协调一致的意志，是**神圣的**、绝对善良的意志。一个并不绝对善良的意志对自律原则（道德强制）的依赖就是**责任**。所以，责任是不能被归于一个神圣的存在者的。一种出于责任的行动的客观必要性，称为**义务**。

从上面简短的论述，人们现在很容易解释这种情况是怎么发生的：虽然我们在义务概念上，想到的是对法则的服从，但由此我们同时却又设想，那尽到了自己一切义务的人格（Person）有某种崇高性和**尊严**。因为，虽然就他**服从**道德法则而言，实在谈不上崇高，然而就他同时是上面这个法则的**立法者**、并且仅仅因此他才遵从这法则而言，他的确是崇高的。上面我们也已经指出，既不是恐惧，也不是爱好，而是唯有对法则的敬重，才是能够给予行动某种道德价值的那种动机。我们自己的意志，

440

79

就它将仅仅在通过自己的准则而可能的普遍立法这个条件下行动而言，这种在理念中我们可能有的意志，就是敬重的真正的对象，并且，人性的尊严正在于这种普遍立法的能力，虽然以自己同时也服从这一立法为条件。

意志自律作为德性的至上原则

意志自律是意志的这种性状（Beschaffenheit），通过该性状，同一个意志对于它本身（不依赖于意愿对象的所有性状）就是一个法则。从而自律的原则就是：只能这样去选择，使自己选择的准则同时作为普遍的法则被一起包含在同一个意愿中。这个实践规则是一个命令，也就是说每个理性存在者的意志都将它作为条件而必然受它约束，这是不能通过单纯剖析（Zergliederung）在其中出现的概念就得到证明的，因为它是一个综合命题；我们必须超越对客体的知识，进到对主体的批判，即对纯粹实践理性的批判，因为这个不容置疑地下命令的综合命题必须能够被完全先天地认识；但这样一件工作不属于当前这一章。不过，上述的自律原则是唯一的道德原则，这一点通过对德性概念的单纯剖析倒是完全能够揭示出来。因为由此即可发现，它的原则必定会是一个定言命令，而这一定言命令所命令的，不多不少正好是自律。

意志他律作为德性的一切不真实的 　441
原则之根源

　　如果意志除了在其准则对它自己的普遍立法的适合性中以外，**在任何别的地方**，从而，如果它走出自身之外，在它的任何一个客体的性状中，寻求这个应当规定意志的法则，那么任何时候都会冒出**他律**（Heteronomie）来。在这种情况下就不是意志给自己立法，而是客体通过它对意志的关系给意志立法。这种关系，不管它基于爱好还是基于理性的表象，都只是让假言命令成为可能：我应当做某件事情，是**因为我想要某种别的东西**。相反，道德的、因而定言的命令是：即使我不想要任何别的东西，我也应当如此这般地行动。例如，前者会说：如果我想维持我的声誉，我就不应当撒谎；后者则说：即使撒谎不会给我带来丝毫恶名，我也不应当撒谎。所以后者必须从一切对象中抽象出来，以致这些对象对意志完全没有任何**影响**（Einfluβ），因此，实践理性(意志)并不只是要照管别人的利益，而只是要证明它自己作为至上立法的颁布命令的权威。所以，比如说我应当努力增进他人的幸福，不是因为我对他人幸福的实存有所关心（不管是通过直接的爱好，还是间接地通过理性获得某种愉悦），而仅仅是因为排除了他人幸福的那种准则，不能在同一个意愿中作为普遍法则来理解。

由他律的这一被假定的基本概念
对一切可能的德性原则加以划分

在这里和在任何其他地方一样，人类理性在其纯粹运用中，只要它还未经过批判，在成功地找到那条唯一真实的道路之前，都曾尝试过所有可能的歧途。

人们出于这一视角所可能采取的全部原则，要么是**经验性的**（empirisch），要么是**合理的**（ratio-nal）。**第一种**出自**幸福**原则，它们建立在自然情感或道德情感之上，**第二种**出自**完善性**（Vollkommen-heit）原则，它们要么建立在作为可能结果的完善性这个理性概念之上，要么建立在作为规定我们意志的原因的某种独立自主的完善性（上帝的意志）这个概念之上。

经验性的原则在任何地方都不适于为道德法则奠基。因为，如果道德法则的基础来自**人类自然本性的特殊结构**或者他身处其中的偶然境况的话，道德法则的这种应当借以无区别地适用于所有理性存在者的普遍性，以及这些道德法则因此而承担着的无条件的实践必然性，就消失了。毕竟，**一己之幸福**（eigenen Glückseligkeit）这条原则是最卑下的，这不仅仅由于它是虚假的，以及经验与这种借

442

口——仿佛福利任何时候都是指向善行的——相矛盾，也不仅仅由于它对德性的建立完全没有什么帮助，因为造就一个幸福的人和造就一个善良的人，以及使一个人明智并精于自己的利益和使他成为有德的，这都完全不是一回事；而是由于，它为德性提供的动机毋宁说是损害德性和破坏其全部崇高性的，因为它把德行和罪恶的动因置于同一类别，并只是教我们进行更好的算计，但却完全抹杀了这两者之间的特殊差别；相反，道德情感（das moralische Gefühl）这个被以为是特殊感官①的东西(尽管对它的援引是如此苍白无力，因为那些无能于**思想**的人，甚至在仅仅取决于普遍法则的事情上，也以为可以通过**情感**来帮忙，哪怕这些情感在程度上天然地相互具有无限的差别，而无法提供一个同样的善恶尺度，甚至一个人根本无法通过自己的情感对他人作出有效的判断)，却毕竟还是更接近于德性及其尊严，因为这种感官证明了德行的荣誉，即把我们对德行的愉悦和尊敬**直接地**归之于德行，而没有仿佛赤裸裸地对德行说，这不是它的美，而只是把我们和它联结起来的好处。

443

①　我把道德情感的原则归于幸福的原则，因为每一个经验性的兴趣，都是通过只有某物才提供出来的快意（Annehmlichkeit），而许诺对我们的福利有所贡献，不管这是直接地、不带功利企图地，还是经过功利的考虑而发生的。同样，人们必须像**哈奇森**那样，把对他人幸福的同情原则归于他所接受的同一个道德感官之中。——康德

83

　　然而，在德性的合理的根据或**理性**根基中，**完善性**的本体论概念（无论它如何空洞、不确定，因而对于在可能的实在性之不可估量的领域中发现适合于我们的最大总和如何没有用处；并且，也无论它为了从每种其他的实在性中特别地区分出我们这里所谈的实在性而如何具有一种不可避免的偏好，即纠缠于循环论证之中，如何不能避免把应由它来解释的德性暗中预设为前提）却还是要比从一个神圣的、全善的意志中引出德性来的那个神学概念好；这不仅仅是因为，我们毕竟不能直观到这个意志的完善性，而只能从我们的概念中——在其中德性概念是最首要的——推出它来，而且是因为，如果我们不这样做（假如这样做了，那将会是怎样一个拙劣的循环解释），这个还留下给我们的神圣意志概念，就会不得不从荣誉欲和统治欲等属性出发，与权力和仇恨的可怕表象结合着，来为一个与道德性截然对立的规矩体系（ein System der Sitten）奠定基础了。

　　但是，如果我必须在道德感的概念和一般完善性的概念之间（这两者至少并不有损于德性，尽管它们完全不适于作为基础来支撑它）进行选择，那么我将会选定后者，因为它至少使问题的裁决从感性脱离开来，并把它带到纯粹理性的法庭上，虽然它在这里并未裁决什么东西，但却因此而使这个未被规定的理念（一个自在的善良的意志）未经歪曲地保持着，以作更进一步的规定。

此外，我相信可以不必对所有这些学说（Leh-rbegriffe）作详尽的反驳了。这种反驳是如此容易，甚至那些被职务要求毕竟要对这些理论之一作出解释的人（因为他们的听众很可能不会容忍推延这一判断）自己大概也已经看出来了，这种解释将会是徒劳无益的。但我们在这里更感兴趣的是，要认识到这些原则任何时候都只把意志他律设立为德性的第一根据，并正因此它们必然会错失其目的。

凡是在必须把意志的某个客体当作根据，以便 **444** 向意志颁布那决定意志的规则的地方，这规则就只是他律；这命令就是有条件的，即：**如果**或者**由于**一个人想要这个客体，他就应当如此这般地行动；因而它永远不能道德地，即定言地下命令。不管这客体是像在个人幸福的原则中那样凭借爱好，还是像在完善原则中那样，凭借一般的指向我们可能意愿的对象的那个理性来规定意志，意志都绝不是通过行动的表象**直接地**规定自身，而只是通过动机来规定自身，这动机以行动的预期结果来影响意志；**我应当作某事，是因为我想要某种别的东西**，并且这里还必须有另一个在我主体中的法则被当作根据，按照这个法则我必然地想要这个他物，这个法则又需要一条命令来限制这个准则。这是因为，由于借我们之力才可能的客体的表象应当按照主体的自然性状在主体意志上实行的这一冲动是属于主体的自然本性的，不论这是感性的（爱好的和鉴赏的）本性，还是知性的和理性的本性，它们都在按照自己本性的特殊构造在一个客体上带着愉悦（mit Wohlgefallen）来操练自身，所以真正说来，这就会是自然本性提供了法则，这样一种法则本身，不仅必须只通过经验来认识和证明，从而自身是偶然的，并因此不适于成为如道德规则所必需的那样一类毋庸置疑的实践规则，而且，**它始终只是意志的他律**，这个意志并不给予自身以法则，而是某个外来的冲动借助于主体的一个在接受冲动方面已被规定了的自然本性来为它提供法则。

所以，绝对善良的意志，它的原则必须是一个定言命令，它就在一切客体方面不受规定，而只包含一般的**意愿的形式**，也就是作为自律，即每一个善良意志的准则在使自身成为普遍法则方面的适应性（die Tauglichkeit），它本身就是每一个理性存在者的意志自身所承担起来的唯一法则，不必以任何动机或兴趣作为它的基础。

这样一个实践的先天综合命题是如何可能的，以及为什么它是必然的，这是一个课题，这个课题的解答不再处于道德形而上学的范围之内，我们在445 这里也没有断言这命题的真理性，更没有伪称在我们的权限之内拥有对它的一个证明。我们只是通过展现一度已经普遍通行的德性概念来表明：意志的自律不可避免地与这个命题联系在一起，或者毋宁说就是它的基础。因此任何人若把德性当作某种东西，而不是当作一个没有真实性的虚构的理念(1)，就必须同时承认这里提出的德性的原则。所以这一章正如第一章那样，仅仅是分析的。既然德性绝非幻象，由此也就得出，如果定言命令以及与它一起意志自律都是真实的，而且作为一种**先天**原则是绝对必然的，**就需要一种纯粹实践理性的可能的综合运用**，然而，如果没有预先准备好一个对这种理性能力本身的**批判**，我们就不可以冒险作这样的运用，关于这个批判，我们必须在最后一章中阐明对我们的意图是充分的那些主要特点。

(1)"虚构的理念"，原文为chimärische Idee，意为希腊神话中的"喀梅拉"（吐火女怪）式的理念。——译者

第三章

从道德形而上学过渡
到纯粹实践理性批判

自由概念是解释意志自律的钥匙

意志是有生命的存在者就其是理性存在者而言的一种原因性（Kausalität）[1]，而自由就会是这种原因性当它能独立于外来的**规定**它的原因而起作用时的属性；正如**自然必然性**是一切无理性的、由外来原因的影响规定其活动的那些存在者的因果性的属性一样。

以上对自由的解释是**消极的**（negativ），因此对揭示其本质并无成效；但它却引出了一个**积极的**自由概念，这个概念更加丰富和富有成效。既然因果性的概念带有**规律**的概念，按照这些规律其他的东西即结果必须通过我们叫作原因的东西被规定；那么，尽管自由不是某种依据自然规律 [法则]

(1) 该德文词本义为"原因性"，由于原因和结果不可分离而常被汉译为"因果性"；但在康德这里自由意志只强调其原因而不考虑结果，所以译作"原因性"，而在其他场合下仍大多译作"因果性"。

——译者

的意志的属性，但它并不因此就是无规律［法则］
的了；相反，它必定是某种依据不变的、不过是特
殊种类的规律［法则］的原因性；否则一个自由的
意志就会是荒谬之物（eine Unding）了。自然必然
性是一种起作用的原因的他律，因为只有根据这种
由其他东西把这起作用的原因规定为原因性的规
律，每个结果才是可能的；那么，除了自律，即那
447 种自身就是自己的法则的意志的属性之外，意志的
自由还能是什么呢？但是意志在一切行动中都是自
身的法则这个命题，只是表达了这个原则：只按照
也能把自身作为普遍法则的对象这个准则而行动。
但这正是定言命令的公式和德性的原则：因此，一
个自由的意志和一个服从德性法则的意志完全是一
回事。

　　所以如果预设了意志自由，那么仅仅通过剖析
它的概念就能从中得出德性及其原则。然而，该原
则毕竟还是一个综合命题：一个绝对善良的意志就
是一个其准则总是能把自身视作普遍法则而包括在
自身内的意志，因为通过对绝对善良意志概念的剖
析，不可能找到准则的那种属性。但这种综合命题
只有这样才是可能的：两个认识相互之间，通过与
某个在其中双方都能被发现的第三者的联系而结合
起来。**积极的**自由概念提供了这个第三者，这第三
者不能像在物理原因的情形中那样，是感性世界的
自然本性（在感性世界的概念中，作为原因的某物

之概念在与作为结果的**其他某物的**关系中一起出现）。自由向我们所指明的、对它我们先天地就有一个理念的这个第三者是什么，在这里还不能立即指出来，也不能说明自由概念从纯粹实践理性中的演绎，甚至连同一种定言命令的可能性；而是还需要做一些准备工作。

自由必须被预设为一切理性存在者的意志的属性

如果我们没有足够的理由把自由也赋予所有理性存在者，则我们不管出于什么根据，都不足以把自由归于我们的意志。因为，既然德性对我们来说，只是就我们作为**理性存在者**而言才被当作法则，它就必定也对所有的理性存在者都有效，同时既然它必须只从自由的属性中推出来，所以，自由也必须被证明是所有理性存在者的意志的属性，而从关于人的自然本性的某些被以为的经验中并不足 448
以阐明自由（当然这也是绝对不可能的，只能先天地加以阐明），相反，我们必须证明自由属于有理性的和天赋有一个意志的一般存在者的能动性。现在我说：每一个只能在**自由的理念**之下行动的存在者，正因此而在实践的眼光中是现实地自由的，这也就是说，一切与自由不可分割地结合着的法则对它来说都有效，正好像它的意志即使就自在的本身来说并在理论哲学中也会被有效地宣称为自由的一样。① 现在我主张，我们必须把**自由的理念**也必然地赋予每一个将只在这个理念下行动的具有意志的理性存在者。因为，在一个这样的存在者中我们设想有一种理性，这种理性是实践的，即具有对于其客体的原因性。现在，人们不可能设想一种理性，它会在其判断上自己有意识地从别的什么地方接受操纵，因为这样的话，主体就不会把判断力的规定归于自己的理性，而是会归于某种冲动了。这种理性必须把自己看作它的原则的创制者，独立于外来的影响，因此它作为实践理性或者作为某个理性存在者的意志，必须被它自己看作是自由的；也就是说，这样一种理性存在者的意志只有在自由的理念之下才能得到最终的归结；但我们本来就能够在实践方面使自由被赋予一切理性存在者。

论依附于德性之各种理念的关切

我们已把确定的德性概念最终归结到了自由的

---

① 我认为把自由仅仅当作由理性存在者单纯**在理念中**为自己的行动所提供的根据，对我们的意图来说是足够的，我之所以选取这一道路，是因为这样我就可以不必承担在其理论方面也证明自由的责任了。因为，即令后一方面仍悬而未决，那些法则毕竟适用于一个只能在自己特有自由的理念下行动的存在者，它们将会对一个现实地自由的存在者加以约束。这样我们就能够摆脱理论压给我们的负担了。——康德

理念；但就连在我们自身中，以及在人的本性中，我们都不能证明自由是某种现实的东西；我们只知道，如果我们要把一个存在者设想为理性的，并且赋有自己在行动上的原因性意识的，即赋有一个意志的，我们就必须预设自由；于是我们就发现，正是出于同样的理由，我们必须把在其自由理念下规定自己的行动这一属性赋予每一个具有理性和意志的存在者。

449

然而，从这些理念的预设也引出了这样一种行动法则的意识：行动的主观原理，即准则，任何时候都必须这样来选取，使得它们也能客观地，即普遍地作为原理而有效，从而能充当我们自己的普遍立法。但是，到底为什么我应当服从这个原则，而且是作为一般的理性存在者服从它，因而所有其他被赋予了理性的存在者由此也服从于它呢？我愿意承认，没有任何利益［关切］**驱使**我这样做，因为那不会给出任何定言命令；但我还是必须对此**抱有**某种关切，并弄明白这是怎么发生的；因为这个"应当"真正说来是一种意愿，这意愿对每一个理性存在者都会有效，其条件是只要理性在它那里没有阻碍地是实践的；而那些像我们一样还通过作为另一类动机的感性受到刺激的存在者，在他们那里理性单单为了自己而会去做的事情并不总是会发生，对他们来说，行动的那种必然性就只叫作应当，而主观必然性就区分于客观必然性了。

因此，看起来在自由的理念中，我们其实只是预设了道德法则，即预设了意志本身的自律原则，而未能证明这原则自身就有现实性和客观必然性，并且在此，虽然我们通过至少比以前所作的也许更为精确地规定了这条真正的原则，而越来越取得了某种十分可观的收获，但就这原则的有效性和人们服从它的实践必然性方面来说，我们还没有丝毫进展；因为，如果有人问我们，究竟为什么我们的准则作为某种法则的普遍有效性，必须是我们行动的限制性条件，以及我们把赋予这种行动方式的价值——这种价值据说是如此巨大，以至于任何地方都不可能有什么更高的利益［关切］——建立在什么之上，还有，人们仅仅通过这些就相信他感到了

450 他人格的价值（seinen persönlichen Wert），与这价值相比，某种快适或不快适状态的价值似乎都可以无足挂齿了，这又是如何发生的？那么，我们似乎无法给出任何使他满意的回答。

虽然我们确实发现，我们会对一种根本不带有任何利益状况的人格性状抱有某种关切，只要这种性状使我们能够在理性应当引起这种利益的分配的情况下，参与到这种利益中去，也就是说，只是配享幸福，哪怕没有分享这个幸福的动因，也会使人对自己感到关切；但是，这个判断实际上只是道德法则的那个已经预设了的重要性的结果（当我们通过自由的理念，摆脱了所有经验性的利益［关切］

时）；然而，我们应当摆脱这利益［关切］，即应当把自己看作在行动中是自由的，尽管我们仍应坚持服从某些法则，以便发现一种只在我们自己人格中的价值，它能够补偿我们在给我们的状况带来某种价值的东西上的全部损失，而这是如何可能的，从而**道德法则何来约束力**，以这样的方式我们还看不出来。

显然，在此人们必须坦率地承认，这样一种循环看起来是无法摆脱的。我们假定自己在起作用的原因的秩序中是自由的，是为了在德性法则之下的目的秩序中来设想自己，接着，我们把自己设想为服从这些德性法则的，是因为我们已把意志自由赋予了自己；这是因为，自由和意志的自己立法两者都是自律，因而是可互换的概念（Wechselbegriffe），但正是由于这一点，一个不能用来解释另一个，以及为另一个提供根据，而是最多只能是为了逻辑的意图，把同一对象的那些显得不同的表象归结为一个唯一的概念（如同我们把同值的不同分数化为最简式一样）。

不过，我们还剩有一条出路，即研究一下：当我们通过自由把自己思考为先天地起作用的原因时，和我们按照作为眼前看到的结果的我们的行动来设想我们自己时，我们采取的是否是不同的立场。

有一种意见，提出这种意见恰好不要求什么精

451 细的反思，而是人们可以假定，最普通的知性也可
以形成这种意见，尽管可能是按自己的方式，通
过他称之为情感（Gefühl）的那种判断力的模糊区
分而做到的，这种意见就是：一切无须我们的任意
（ohne unsere Willkür）就获得的表象（如感官的表
象），给我们提供认识的对象只能通过这些对象刺
激我们，在此它们自在地可能是什么仍然不为我们
所知；所以关于这类表象，即使带上知性哪怕总是
能添加给它们的最辛苦的注意力和清晰性，我们由
此还是只能达到关于**现象**（Erscheinungen）的知识，
而绝不能得到关于**自在之物本身**（Dinge an sich
selbst）的知识。这种区分（充其量只是通过在从
其他什么地方被给予我们的、我们在其中是被动的
那些表象，和我们只从我们自身产生的、其中证明
了我们的能动性的那些表象之间的这种被觉察到的
差别来区分）一经作出，随之而来的自然就是，人
们必须承认并假定在现象背后毕竟还有某种另外的
并非现象的东西，即自在之物，尽管我们自己安于
这一点：既然自在之物绝不可能被我们所认识，而
是永远只能如它们刺激我们的那样为我们所知，我
们就无法更接近它们，也绝不能知道它们自在地是
什么。这就必然提供了一种**感性世界**（Sinnenwelt）
和**知性世界**（Verstandeswelt）之间的尽管是粗糙的
区分，其中前者，按照各种不同世界观察者的感性
的差异，也可以是相当不同的，然而后者，作为前

者的根据，则永远保持为同一个世界。一个人甚至对于他自身，也就是按照他通过内部感觉（Emp-findung）对自己所具有的知识，也不可以妄自宣称知道自己自在地本身是怎么样的。因为，既然他毕竟并不是仿佛自己创造了自己，并且不是先天地，而只是经验性地获得他的概念，所以很自然，他也只能通过内感官，从而只是通过他的自然本性的现象以及他的意识被刺激的方式，来取得有关他自己的消息，然而，在他自己主体的这些纯由现象复合起来的性状之外，他毕竟还有必要以必然的方式假定某种别的奠基性的东西，即他的"我"，不论它自在地本身会有什么性状，这样，在单纯的知觉和在感觉的感受性方面，他必须把自己归入**感性世界**，但就在他里面可能是纯粹能动性的东西（完全不是通过刺激感官，而是直接达到意识的东西）而言，他又必须把自己归入**智性世界**（intellektuellen Welt），对这一世界他却并没有进一步的认识。

　　进行反思的人必定会对一切可能出现在他面前的事物得出上述的结论；也许甚至在最普通的知性中也可以发现这个结论，众所周知，最普通的知性非常倾向于在感官的对象背后，总还期望有某种不可见的东西，自身能动的东西，然而，他们又立刻通过把这不可见的东西感性化，也就是说，想使它成为直观的对象，而败坏了它，从而他们并未由此

452

而变得更聪明一点点。

现在，这人在自身中确实发现一种能力，凭这种能力他把自己与一切其他事物，甚至与接受对象刺激的他自己区别开来，而这就是**理性**。这理性作为纯粹的自动性，在下面这一点上甚至还是超于知性之上的：尽管知性也是自动性，并且不像感官那样仅仅包含只有当人们受到事物刺激时（因而被动地）才产生的表象，然而从其能动性所能够产生的概念，却无非是那些仅仅用来**把感性表象置于规则之下**、并由此把它们结合在一个意识中的概念，没有对感性的这种应用，知性就根本不能思维什么东西；与此相反，理性在理念的名下表现出了一种如此纯粹的自发性（Spontaneität），以至于它借此远远地超出了仅仅感性所能够提供给它的一切，并在把感性世界和知性世界彼此区别开来这一点上表明了它最重要的事务，但由此就为知性本身划定了其界限。

因为这个缘故，一个理性存在者必须把自己作为**理智**（因而不是从他的低级能力方面）来看待，不是看作属于感性世界的，而是看作属于知性世界的；因此，他具有两种立场，从这两种立场出发他可以观察自己，并认识他的能力应用的、从而他的全部行动的法则，**第一**，就他属于感性世界而言，他服从自然规律（他律），**第二**，就他属于理知世界（intelligiblen Welt）而言，他服从独立于自然的、并非经验性的、而只是建基于理性的那些法则。

　　作为一个理性的、因而属于理知世界的存在者，人除了在自由理念之下，绝不能以别的方式设想他自己意志的原因性；因为对规定感官世界的那些原因的独立性（理性任何时候都必须把这样一种独立性赋予自身）就是自由。现在，**自律**的概念与自由的理念不可分离地结合在一起，而德性的普遍原则又与这自律概念不可分离地结合在一起，这种德性原则在理念中为**理性**存在者的一切行动奠定了基础，正如自然规律为一切现象奠定了基础一样。

453

　　于是，我们在上面所挑起的这种疑惑就被消除了，即似乎在我们从自由到自律，又从自律到德性法则的推论中包含着一个隐秘的循环，也就是我们是不是把自由的理念仅仅只是为了德性法则才奠定为基础，以便然后再从自由中推论出德性法则，因而对这个法则我们将根本指不出什么根据，而只能把它表明为对某种原则的祈求，好意的灵魂也许将乐意认可我们这条原则，但我们永远不能把它作为一个可证明的命题建立起来。因为现在我们看到，如果我们把自己思考为自由的，我们就把自己作为成员置身于知性世界，并认识到意志的自律连同其结果，即道德性；然而，如果我们把自己设想为负有义务的，我们就把自己看作既属于感官世界，但同时却又属于知性世界的。

一种定言命令如何可能?

理性存在者把自己作为理智而归入知性世界，并且它只是作为属于那个世界的一个起作用的原因，而把自己的原因性称之为一个**意志**。但是从另一方面，它却也意识到自己是感官世界的一部分，在其中它的行动只是作为那种原因性的现象而被发现；然而，这些现象的可能性却不能从这种我们并不认识的原因性中看出来，取而代之的是，这些行动作为受其他现象，即欲望和爱好所规定的，而必须被看作属于感官世界的。因此，假如仅仅作为知性世界的成员，我的一切行动就会完全符合纯粹意志的自律原则；仅仅作为感官世界的一部分，则它们必然会被看作与欲望和爱好的自然规律、从而与自然的他律完全符合的（前者将会建立于德性的至上原则之上，后者将会建立于幸福之上）。但由于这个**知性世界包含着感官世界的根据，从而也包含着感官世界的规律的根据**，因而就我的意志来说（它完全属于知性世界）是直接立法的，因而也必须被作为这样的来设想，所以，我将把自己看作理智，尽管在另一方面我如同一个属于感官世界的存在者那样，我却仍然把自己看作服从知性世界的法则，即服从在自由理念中包含着这种法则的理性，因而服从意志的、自律的，所以，我必然会把知性

454

100

世界的法则视为对我的命令，并把符合这种原则的
行动视为义务。

　　而这样一来，定言命令就是可能的，因为自由
的理念使我成为一个理知世界的一员，因此，如果
我只是这样一个成员，我的一切行动**就会**在任何时
候都符合意志的自律了，但由于我同时直观到自己
是感官世界的成员，所以这些行动**应当**符合意志的
自律，这个**定言**的应当表现为一个先天综合命题，
因为在我的被感性欲望刺激的意志之上，还加上了
同一个意志的理念，而这个意志却是属于知性世界
的、纯粹的、对其自身来说实践的，它按照理性包
含着前一个意志的至上条件；这情况大致上就如同
给感官世界的直观加上就其本身而言只是意味着一
般法则形式的那些知性概念、并由此使一切自然知
识建立于其上的先天综合命题成为可能那样。

　　普通人类理性的实践应用证实了这一演绎的正
确性。没有任何人，哪怕是最坏的恶棍，只要他平
时习惯于运用理性，不会在有人把胸怀正直、坚持
遵守善的准则、富有同情和与人为善（为此还结合
了对利益和安逸的巨大牺牲）的榜样放在他面前
时，不希望自己也能有如此意向的。然而，只是由
于他的爱好和冲动，他无法在自身中真正做到这一
点；但与此同时他却仍然希望摆脱这些令他自己不
堪重负的爱好。这样，他就由此证明了，他凭借一
个摆脱了感性冲动的意志，在观念上把自己置于一

个与他的欲望在感性领域中的秩序完全不同的事物秩序之中，因为从那个希望中，他不能指望欲望的任何享受，从而不能指望任何一种使他的某个实际的或者通常想得出来的爱好得到满足的状态（因为那样的话，就会使引出他的希望的那个理念本身也失去其优越性了），而是只能指望他的人格的某种更大的内在价值。然而，当他把自己置于知性世界一员的立场上时，他相信自己就是这个更善良的人格，对此，自由的理念，即对感官世界的**规定性**原因的独立性，不由自主地对他加以强制（ihn unwillkürlich nötigt），并且在这个立场上，他意识到一个善良意志，这个善良意志按照他自己的认可，为他的作为感官世界成员的恶的意志制定了法则，他通过冒犯这一法则而认识到了这一法则的权威（Ansehn）。所以，道德的这个应当是他自己作为理知世界的成员的必然的意愿，而且只是就他同时把自己看作感官世界的一个成员而言，才被他设想为应当。

论一切实践哲学的最终界限

从意志来说，一切人都把自己设想为自由的。由此得出关于那些本来**应当发生**，即使**并未发生过**的行动的一切判断。尽管如此，这种自由不是经验概念，也不可能是经验概念，因为，即使经验表现出和在自由的前提下被设想为必然的那样一些要求的反面，这自由也仍然保持着。另一方面，凡是发生的事情都免不了按照自然规律被规定，这同样是必然的，而且这种自然必然性也不是经验概念，这正因为它带有必然性的概念，从而带有某种先天知识的概念。但是，关于一个自然的这个概念通过经验而被证实，甚至不可避免地必须被预设，如果经验，也就是关于感官对象的那些按照普遍法则关联起来的知识要想是可能的话。因此，自由只是理性的一个**理念**，其自在的客观实在性是可疑的，但自然却是一个**知性概念**，它由经验的实例证明、且必须必然地证明它的实在性。

现在，尽管从这里产生了一种理性的辩证论，因为就意志而言，被赋予它的自由看起来与自然必然性处在矛盾之中，并且在这个岔路口，理性在**思辨的意图**中发现自然必然性的道路比自由的道路要通畅和有用得多；然而，在**实践的意图**中，自由的小径毕竟是唯一的、在它之上使得对我们的行为举止应用自己的理性成为可能的道路；因此，最精妙的哲学与最普通的人类理性一样，都不可能靠玄想丢掉（wegzuvernünfteln）自由。所以，人类理性的确必须预设：在同一些人类行动的自由和自然必然性这两者之间并不会有任何真正的矛盾，因为人类理性既不能放弃自然的概念，也同样不能放弃自由的概念。

456

然而，即使人们永远不能理解自由如何可能，至少也必须以令人信服的方式清除掉这种表面的矛盾。因为，如果甚至连关于自由的思想都与自身或者与同样必然的自然相矛盾，那么，自由就会不得不在自然必然性面前完全被放弃了。

但是，如果自认为自由的主体，当它称自己为自由的时候，是**在如同当它有意采取同一个服从自然规律的行动时的那同一种意义上或者同样的关系**中来设想自身的，那么，要避免这种矛盾就是不可能的。因此，思辨哲学的一项不容推卸的任务就是：至少指明它由矛盾而来的错觉是基于，当我们说人有自由的时候，我们是在一种另外的意义和关系中设想人，不同于当我们把作为自然的一部分的人看成是服从自然法则时那样；这二者不仅**能够**很好地共存，甚至必须被设想为**必然地结合在同一个主体中**，因为否则的话，就不能给出根据来说明，为什么我们应该用一个理念增加理性的负担，尽管这个理念可以与另一个已充分证实的理念**无矛盾地**结合起来，却还是把我们卷进一桩使理性在其理论应用中大为窘迫的事务中。但是，这一义务仅仅是思辨哲学的责任，以便它为实践哲学扫清道路。因此，并不由哲学家的随心所欲来确定，是要清除这个表面上的冲突，还是要原封不动地留着它；因为在后一种情况下，与此有关的理论就是 bonum vacans[1]，宿命论者就能够理直气壮地占有这笔财产，并把一切道德从它的被以为是没有名目地占有的财产中驱赶出去。

　　但是在这里我们仍然还不能说挨到了实践哲学的边了。因为对争执的那种调解根本不属于实践哲学的范围；相反，实践哲学要求思辨理性的只是结束它自己在理论问题上卷入的争执，以便实践理性拥有宁静和免受外来攻击的安全，这攻击可能会对实践哲学想在上面定居的土地向它提出争议。 457

　　但是，甚至普通人类理性对意志自由的正当要求（Rechtsanspruch），也建基于理性对单纯主观上进行规定的原因的独立性的这种意识和这个被承认了的前提之上，这些主观上进行规定的原因共同构成了仅仅属于感觉、从而归在感性这个普遍名称之下的东西。以这样的方式把自己作为理智来看待的人，当他把自己设想为赋有意志、因而赋有原因性的理智的时候，他由此就把自己置入一个另外的事物秩序中，以及完全另一种方式的对规定性根据的关系中，即不同于当他知觉到自己像感官世界中的一个现相(Phänomen)（他也确实是这样一个现相）、并且其原因性在外在规定方面服从自然规律时的那种秩序和关系中。现在他马上察觉到，这二者能够同时发生，甚至不能不同时发生。因为，说**一个现相中的事物**（它属于感官世界）服从某些法则，又说这同一个事物作为**自在之物本身**或**自在之存在者本身**独立于这些法则，这并不包含丝毫矛盾；只是，他就必须以这种双重的方式表象和思维自己，这就前者而言，是基于对他自己作为通过感官受刺激的对象的意识，就后者而言，基于对他自己作为理智的意识，即对自己在理性应用中独立于感性印象（从而属于知性世界）的意识。

由此得出：人自以为自己拥有一个意志，这个意志不把任何仅仅属于他的欲望和爱好的东西算在自己的账上；相反，他把只有不顾一切欲望和感性诱惑才能发生的行动设想为由自己而可能的，甚至由自己而必然的。这些行动的原因性存在于他这个理智里面，也存在于按照一个理知世界的原则而起作用、而行动的那些法则中，对这个理知世界他知道的仅仅是：唯有在其中，理性，而且是纯粹的、独立于感性的理性，才提供出法则；同样，由于他在那里只是作为理智才是真正的自我（与此相反，作为人只是他自己的现象），所以那些法则直接地和定言地涉及他，以至于无论爱好和冲动（从而感官世界的整个自然）怎么引诱，也不可能对作为理智的他的意愿法则造成任何损害，甚至他也不为这些爱好和冲动负责，不把它们归于他真正的自我，即他的意志，倒是把他可能对它们怀有的容忍归于自己的意志，如果他承认它们对自己的准则发生了不利于意志的理性法则的影响的话。

实践理性通过把自己放进一个知性世界中来**思考**根本不会越过自己的界限，倒是当它想要进去**直**

458

观自己、**感觉**自己的时候，它就越过了自己的界限。前者只是对感性世界的一个消极的观念，即感性世界并不为理性在规定意志时提供法则，而只有在这一点上才是积极的，即作为消极规定的那种自由，同时与一种（积极的）能力，甚至与理性的一种我们称之为意志的原因性结合在一起，也就是要这样行动，使行动的原则符合于一个理性原因的本质的性状，即符合于作为一个法则的准则之普遍有效性条件。但假如实践理性还从知性世界取来一个**意志的客体**，即一个动因，那么它就越过了它的界限，并自以为认识了某种它一无所知的东西。因此，一个知性世界的概念只是一个**立场**（Standpunkt），理性发现自己被迫在现象之外采取这一立场，**以便把自己思考为实践**的，而当感性的影响对人有规定作用时，这就会是不可能的了；但这终究是必然的，只要人对自己作为理智，从而作为理性的、通过理性而能动的，也就是自由地起作用的原因这个意识不想遭到否认。这一观念诚然带来了不同于有关感官世界的自然机械作用的另一种秩序和立法的理念，并且使一个理知世界的概念（也就是说，理性存在者的整体，作为自在之物本身）成为必要的，但没有丝毫妄想在此走得更远，除了仅仅按照其形式条件，即依照作为法则的意志准则之普遍性，从而按照唯一可与意志自由并存的意志自律来思考；与此相反，一切被规定到某个客体上的法则都提供他律，这他律只能在自然规律那里发现，并且也只能关涉到感官世界。

然而这样一来，如果理性胆敢去**解释**（erklären）纯粹理性如何可能是实践的，它就会越过自己所有的界限，而这就会与解释**自由如何可能**的任务完全是一回事了。

因为我们所能够解释的，只不过是我们能够回溯到规律上去的东西，这些规律的对象能够在任何一个可能的经验中被给予。但是，自由是一个单纯的理念，它的客观实在性不能以任何方式按照自然规律被阐明，从而也不能在任何可能的经验中被阐明；所以，正因为它本身绝不能按照任何一种类比来配上一个实例，它就绝不能被理解，或者哪怕只是被认出来。它只是作为在某个存在者里面理性的必要预设而有效，这个存在者相信自己意识到一个意志，即意识到一个与单纯欲求能力仍然不同的能力（也就是说作为理智、从而按照理性的法则独立于自然本能而规定自己去行动的能力）。但是，在按照自然规律［法则］所作的规定终止的地方，一切**解释**（Erklärung）也都终止了，剩下的就只有**辩护**（Verteidigung），即消除那些伪称更深入地看到了事物的本质、并由此大胆宣布自由不可能的人们的异议。我们只能向他们指出，所谓由他们在其中揭示出来的矛盾不在任何别的地方，而仅仅在于，既然他们是为了使自然法则在人的行动方面有效而

必须把人看作现象，而现在当人们要求他们应当把
作为理智的人也思考为自在之物本身的时候，他们
却一直还在这里把人看作现象，而此时人的原因性
（即人的意志）与感官世界的一切自然法则的分离
固然就会在同一个主体身上处于矛盾之中；但是，
如果他们愿意想一想，并愿意公平地（wie billig）
承认，毕竟在现象背后必须有自在的事物本身（尽
管是隐秘地）作为基础，对于事物自身的作用法
则，人们不能要求它们与事物的现象所服从的作用
法则是一样的，那么，这种矛盾就消除了。

　　解释意志自由的主观不可能性，和找出并理解
人对道德法则所能怀有的**关切** [利益] (Interesse) ①
的不可能性，这二者是一回事；尽管如此，人们对　460
道德法则实际上抱有一种关切，我们把这种关切在
我们之中的根基（Grundlage）称为道德情感，它

---

① 　关切就是理性由之而成为实践的，即成为一个规定意志的
　　原因的那种东西。由此，人们说只有一个理性的存在者对事
　　情怀有一种关切，而无理性的被造物只感觉到感性的冲动。
　　[460] 只有当行动的准则的普遍有效性就是意志的一个充分
　　的规定根据的时候，理性才对行动有一种直接的关切。只有
　　这样一种关切才是纯粹的。但是，如果理性只有凭借另一个
　　欲求客体或者以主体的某种特殊情感为前提才能规定意志，
　　那么理性对行动就只有一种间接的关切，同时，既然理性离
　　开了经验单凭自身既不能发现意志的客体，也不能发现某种
　　特殊的、作为意志根据的情感，那么这后一种关切就只会是
　　经验性的，而不会是纯粹的理性关切。理性（为提高其洞见）
　　的逻辑关切绝不是直接的，而总是以其应用的意图为前提
　　的。——康德

曾被一些人错误地说成是我们的道德评判的准绳，其实，它必须被视为法则施加于意志的**主观**效果，只有理性才提供了它的客观根据。

为了使理性独自对受感性刺激的理性存在者的"应当"加以规范的东西成为所愿意的，无疑还需要理性的一种**引起**对履行义务的**愉快感**或愉悦**情感**的能力，因而需要理性的一种原因性，来按照理性的原则规定感性。但是，完全不可能看出，也就是先天地理解到，一个在自身之中不包含任何感性成分的单纯观念（ein bloßer Gedanke）如何会产生出一种愉快或者不快的感觉；因为这是一种特殊种类的因果性，对于它，和对于所有的因果性一样，我们根本不能先天地规定任何东西，因此必须仅仅询问经验。但是，既然经验所能提交在手的因果关系只不过是两个经验对象之间的关系，而在这里，纯粹理性单凭理念（这理念根本不为经验提供任何对象）却应当是某个固然处在经验之中的结果的原因，所以，对于我们人来说完全不可能去解释，**作为法则的准则的普遍性**、从而德性（Sittlichkeit），如何以及为什么会使我们感到关切。只有一点是肯定的：法则之所以对我们具有效力，不是**因为它引起关切**（因为这是他律，是实践理性对感性的依赖性，即对某种作为根据的情感的依赖性，借此实践理性绝不可能在道德上是立法的），而是因为它对作为人的我们有效，由于它从我们的作为理智的意

461

志中，因而从我们的真正自我中产生出来，它才引起我们的关切；**但是，凡是属于单纯现象的东西，都必然由理性置于自在的事物本身的性状之下。**

因此，一个定言命令如何会是可能的这个问题，虽然只能回答到这样的程度：人们能够指出唯一使它成为可能的前提，就是自由的理念，同样，人们也能看出这个前提的必然性，而这对于理性的**实践运用**，即对于确信**这个命令的有效性**，从而对于确信德性法则的有效性来说，就足够了，但这个前提本身如何会是可能的，这是通过任何人类理性都永远无法看出来的。但是，在一个理智的意志自由的前提下，意志的**自律**，作为意志只有在其下才能被规定的形式条件，就是一个必然的结论。预设意志的这种自由甚至不仅仅（如思辨哲学所能表明的那样）是完全可能的（不会陷入在和感官世界的现象联结时与自然必然性原则的矛盾），而且在实践上，即在理念中，把这种自由作为条件加之于意志的一切任意行动，这对于一个通过理性意识到自己的原因性、从而意识到一个（与欲求有区别的）意志的理性存在者来说，无须其他的条件就是**必然的**。但是现在，纯粹理性没有其他可以从任何别的地方取来的动机，**如何能够单独就是实践的**，也就是说，纯粹理性的**一切作为法则的准则之普遍有效性这一单纯的原则**（这无疑会是一个纯粹实践理性的形式），没有意志的一切质料（对象），以便人们可以事先对之怀有某种关切，又如何能够单独地自己提供出一种动机，并导致一种会被称为纯粹**道德**上的关切，或者换句话说，**纯粹理性如何可能是实践的**，对此一切人类理性都完全没有能力作出解释，而试图进行解释的一切辛苦和劳作都是白费力气。

这种情况就正像我仿佛试图探究自由本身作为一个意志的原因性如何可能一样。因为在这里，我

462 抛开了哲学的解释根据，并且没有任何别的解释根据。现在，我虽然能够在仍保留给我的理知世界中，在诸理智的那个世界中来回盘旋；但是，尽管我对此有一个具有自己很好的理由的**理念**，我对它却毕竟没有丝毫**知识**，而且即使通过我的自然的理性能力的一切努力，我也绝不能达到这种知识。它仅仅意味着一个某物，这个某物之所以剩余下来，是当我把属于感官世界的一切都从我的意志的规定根据中排除出去之后，为的只是这样来限制出自感性领域的动因的原则，即我给感性领域划定了界限，并且指出，它并没有把一切全都包括在自身中，而是在它之外还有更多的东西；只是对这更多之物我并无进一步的认识。关于思考这个理想的纯粹理性，在剥离一切质料，即客体的知识之后，给我剩下的只是形式，即把准则的普遍有效性的实践法则，以及按照这一法则也把理性放在与一个纯粹知性世界的关系中，而思考为可能的起作用的原

因，也就是思考为规定意志的原因；在这里，动机必定是完全找不到的；因为否则的话，一个理知世界的这一理念本身就不得不成为动机，或者是成为理性本源地对之怀有一种关切的东西了；但是，使这一点可被理解正好是我们不能解决的课题。

现在，这里就是一切道德研究的至上边界；但规定这一边界也已经具有非常重要的意义了，一方面，借此理性就不会以某种有损道德的方式在感官世界中到处搜寻至上的动因，和某种虽然可被理解，但却是经验性的关切；而另一方面，借此理性也不会在名为理知世界的那些超验概念的、对它而言是空虚的空间中，无效地拍打自己的翅膀，却仍在原地不动，而迷失在幻觉中。剩余下来的是一个纯粹知性世界的理念，即一切理智的一个整体这一理念，我们本身作为理性存在者（尽管在另一方面同时是感官世界的成员）属于这个整体，这个理念为一种理性的信仰起见，始终是一个有用的并且可以允许的理念，即使一切知识在这个理念的边界上都终止了也罢，为的是通过**自在的目的本身**（理性存在者）的一个普遍王国的美好理想——我们只有按照自由的准则谨慎行事，就好像这些准则就是自然规律那样，才能作为成员属于这个王国——在我们里面引起一种对道德法则的活生生的关切。

463

总　评

　　理性的思辨运用，在**自然方面**，导向**世界**的某个至上原因的绝对必然性；理性出于**自由意图**的实践运用也导向绝对必然性，但却只是一个理性存在者就其本身而言的**行动法则**的绝对必然性。现在，我们的理性的一切运用的一个根本的**原则**，就是把它的知识一直推进到对其**必然性**的意识（因为没有这种必然性，它就不会是理性的知识）。但是，对这同一个理性也有一个同样根本性的**限制**，它既不能看出存有着的或者发生着的东西的**必然性**，也不能看出应当发生的事情的**必然性**，除非有某一**条件**作为根据，在这个条件下事物存有、或者发生、或者应当发生。但以这种方式，通过对条件不断地追问，理性的满足只会一直不断地被推延下去。因此，理性不知疲倦地寻求无条件必然的东西，并且发现自己被迫假定它，却没有任何办法使自己去理解它；只要理性能够发现与这个前提相容的概念，就是够幸运的了。所以，对于我们有关道德性的至上原则的演绎没有什么可指责的；相反，人们必定会责备的是一般人类理性，说它不能使一个无条件的实践法则（诸如此类的法则必定是定言命令）在其绝对必然性上能够理解；因为理性不想通过一个条件，即借助任何一种被作为根据的关切来做这件

事，这一点是不能责怪它的，因为那样一来，这法
则就不会是道德法则，即自由的至上法则了。这
样，我们固然不理解道德命令的实践的无条件的必
然性，但我们毕竟理解这命令的**不可理解性**(Unbe-
greiflichkeit)，这就是对一门力求在原则中达到人类
理性的边界的哲学所能公正地要求的一切。

德汉术语索引

说　明

1. 本索引所列页码是德国普鲁士皇家科学院版《康德全集》第4卷（Kants gesammelte Schriften, Herausgegeben von der Königlich Preußischen Akademie der Wissenschaften, Band IV, Berlin Druck und Verlag von Georg Reimer, 1911, S.387—463.）的页码，即本书边码。

2. 凡在原书中过于频繁出现且译名基本定型的词条（如 Gesetz、praktisch、Vernunft 等），不再将页码一一列出，只将词条本身用黑体字排出。

3. 某些词条有不止一种译名，译名以"／"号隔开，页码一起列出，不再按译名分列。

附　录

康德道德哲学的三个层次

邓晓芒

　　人们通常一谈到康德哲学，立刻就想起了康德那晦涩的文句和高度抽象的思辨概念。康德的道德哲学在这方面也不例外。然而，康德曾明确表示，早年由于受到卢梭的影响，他对哲学的看法发生了根本的改变，"我学会了来尊重人，认为自己远不如寻常劳动者有用，除非我相信我的哲学能替一切人恢复其为人的共同权利。"[①]实际上，如果我们不是为他那表面看来拒人于千里之外的表达方式所吓倒，而是认真而耐心地切入他所表达的思想本身，我们就会发现他的确是处处在为普通老百姓考虑他们生存的根据，他就像一个循循善诱的导师，立足于普通人的思维水平，但力图把他们的思想往上提一提，以便能够合理地解决他们在人生旅途中所遇到的困惑。正如他在《道德形而上学奠基》中所说的："人类理性在道德

[①]　《反思录》，转引自康浦·斯密：《康德〈纯粹理性批判〉释义》，韦卓民译，华中师范大学出版社 2000 年版，第 39 页。

的事情方面，甚至凭借最普通的知性也能够很容易达到高度的正确性和详尽性"，"普通的人类理性不是由于任何一种思辨的需要（这种需要，只要人类理性还满足于只是健全理性，就永远也用不着它），而是本身由实践的理由所推动，就从自己的范围走出来，迈出了进入到实践哲学领域的步伐"①。在《实践理性批判》的"方法论"中，他则请读者注意"由商人和家庭妇女所组成的那些混杂的社交聚会中的交谈"，特别是说别人闲话（嚼舌头）的场合。他为这种不好的习惯辩护说，这正表明了"理性的这种很乐意在被提出的实践问题中自己作出最精细的鉴定的倾向"，并认为可以把这种倾向运用于对青年的道德教育中，因为它诉之于理性而不是情感，所以反而比任何高尚的榜样或热忱的激励更能养成纯粹的道德素质②。因此，康德要做的只不过是把这些日常理性中已经包含着的道德法则单纯地提取出来，加以论证，以便在哲学的层次上对任何一件行动的纯粹道德内涵的判断进行指导。

正是出于这一目的，康德在《道德形而上学奠基》③中将全部正文的内容分为三章：一、从普通的道德理性知识过渡到哲学的道德理性知识；二、从通俗的道德哲学过渡到道德形而上学；三、从道德形而上学过渡到纯粹实践理性批判。在这里，康德的道德哲学

---

① Kants Werke, Band 4, herausgegeben von der königlich Preußischen Akademie der Wissenschaften, Berlin, Druck und Verlag bon Georg Reimer, 1911, S.391, 405，下引此书只于引文后标注德文版页码。
② 见《实践理性批判》，邓晓芒译，杨祖陶校，人民出版社 2003 年版，第 207、209 页以下。
③ "奠基"一词德文原为 Grundlegung，意为"奠定基础"的动名词。该书名苗力田先生译作《道德形而上学原理》，似太一般化；李秋零中译作《道德形而上学的奠基》，我以往主张译作"道德形而上学基础"，但后来考虑有些时候不好处理，仍从李秋零译。

明显表现出有三个不同的、从低级到高级的层次，即"通俗的道德哲学"、"道德形而上学"和"实践理性批判"。下面我们来分别考察这三个层次的区别。

一、通俗的道德哲学

康德指出，普通人类理性都会承认，一件事情的道德价值在于行为者的"善良意志"，而不在于它的实用性。因而善良意志是我们在撇开一切感性的东西时单凭理性来设想的一种意志，而理性（作为实践理性）则是一种"应当给意志以影响的能力"，所以它的"真正的使命，就必须不是产生一个作为其他意图的手段，而是产生一种自在地本身就善良的意志来"（S.396，此为德文版页码，下同）。大自然给人配备了理性不是为了满足人的感性欲求，因为在这种满足上人的本能比理性要更有用；人的理性是为了更高的理想，也就是实现"义务"这一包含着善良意志的概念。对于这一点，每个普通人单凭自己自然的健全知性即可领会，所以"无须教导，只需要得到解释"（S.397）。但之所以需要解释，是因为义务和"爱好"经常混杂在一起，因而一个行为是道德的还是仅仅是明智的，仅凭普通的道德理性知识还不足以区分，而必须提升到哲学的道德理性知识，即从日常混杂的行为中把"出于义务"（而不仅仅是"合乎义务"）的成分区别出来。

于是康德接下来就举了四个例子来对什么是真正的道德行为加以解释。这四个例子并不是随便举的，而是按照严格的逻辑关系排列的。这四个例子就是：1）做买卖童叟无欺(对他人的消极义务)；2）不放弃自己的生命（对自己的消极义务）；3）帮助他人（对他人的积极义务）；4）增进自己的幸福（对自己的积极义务）。康德指出，在这四个例子中，人们很容易看出这些行为要能够具有道德含义必须是"出于义务"，而不仅仅是"合乎义务"。合乎义务的事从普通的道德理性来看是值得嘉奖和鼓励的，因而属于"普通的道德理性的知识"；但从哲学的道德理性来看却还不一定值得高度推崇，还要看它是否真是"出于义务"而做的。有人做好事是出于长远利益的考虑，或是出于自己乐善好施的性格，有人维持生命只是出于本能或爱好，追求幸福只是为了享受，在康德看来这些都不能算做道德的。只有为义务而做好事，只有即使在生不如死的艰难处境中仍然不自杀，这才上升到了哲学的道德理性的层次，其"知识"可归结为三条命题：1）只有意志的出于义务的行为才具有道德价值；2）这种行为的道德价值不在于其结果，而只在于其意志的准则（动机），因而这准则只能是意志的先天形式原则；3）"义务是由敬重法则而来的行动的必然性"（S.400），这敬重所针对的法则是一种普遍的立法原则。

值得注意的是，这里所述四个例子在后面第二章中于相应的三个地方被重述了三遍。当然，这种重述并非毫无必要，而是对同一个问题的逐步加深，即从一般通俗的道德哲学上升到道德的形而上学来看待它。同时我们也可以看出，就在这里所提出的三条命题中，已经显示出了该书总体结构的三个层次了，即：哲学的道德理性能够从普通的道德理性中把意志的"出于义务的行为"作为真正道德的行为分辨出来；道德的形而上学则能够在哲学的道德理性或通俗的道德哲学中把出于义务的动机归结为意志的先天形式法则，即绝对命令；这种绝对命令作为意志的先天的普遍立法原则（"自律"）如何可能，即它的"必然性"根据，则是实践理性批判的课题，后者将这种可能性归结为人的自由，这就在更高的层次上回到了全部论证的起点即自由意志。本书在康德的所有著作中似乎是唯一地在结构上显露出了这种"全息式"结构方式的，即每一部分都体现了总体上"正、反、合"的三段式结构，这种方式后来在黑格尔那里得到了广泛的应用和发展，但其根源还是埋藏在康德以范畴关系为指导而制定的"建筑术"中。

不过康德这一章的任务并不是概括全书，而只是展示其中的第一个层次，即"通俗的道德哲学"层次，也就是从普通人最日常的道德意识入手。所以康德说："因此，为了使我的意愿成为道德上善的我必须做什么，对此我根本用不着任何超人的机敏……我只是问自己：你也能够愿意使你的准则成为一条普遍法则吗?"虽然这时我们还看不出对这一普遍立法原则的敬重的根据是什么，但"我们已经在普通人类理性的道德知识中获得了它的原则，虽然这理性并未想到把这一原则以如此普遍的形式分离出来，但实际上总是念兹在兹，将其用作自己评判的准绳。"(S.403) 所以一个普通人，"即使不教给理性任何新东西，只需像苏格拉底所做的那样，使理性注意自己固有的原则，因而不需要任何科学和哲学，人们就知道如何做才是诚实的和善良的，乃至于智慧的和有德的。"(S.404) 但可惜的是，这种通俗的道德哲学若真的停留于朴素状态而失去了更高的哲学的指导，就容易在实践理性自然产生的"辩证论"面前迷失方向而走上歧路，从而使自己的本性遭到败坏，"这种事情即便是普通的实践理性最终也不能将它称之为善的。"(S.405) 这就促使我们不能不从通俗的道德哲学上升到道德的形而上学。

二、道德形而上学

通俗的道德哲学总是与经验有千丝万缕的联系，它即使要立足于行为的动机来考察其道德意义，实际上却仍然把这种动机看作一种经验的事实。于是，人们永远可以从这种经验事实的后面再假定一种隐藏更深的不道德的动机，因而否定有任何真正的道德行为；或是假定一种虚构的高尚动机，从而为一种抽象的道德假象而沾沾自喜；而由于这两种情况下都没有什么可靠的经验事实来作最后的裁定，人们将陷入有无真正的道德行为的辩证论（二律背反）。要摆脱这一困境，我们只有坚决把经验的事实排除在道德哲学的考虑之外，不靠举任何例子或榜样来说明道德的原则。当然这不是说道德哲学就完全与经验的事实无关了，而是说，先要把道德哲学提升到形而上学的基础上，然后再从那个高度下降到通俗的道德哲学，重新诠释它的那些例证，以指导人们的实践。否则我们即使有了通俗道德哲学的一些法则，也不可能在日常实践中分清哪些是纯粹的道德因素。道德形而上学的法则比通俗道德哲学的法则更高，因为它不是从经验的甚至人类学（Anthropologie）的知识中所抽出来的法则，而是直接由纯粹实践理性推演出来的法则，因而不仅适用于人类，而且适用于一切"有理性的存在者"。它是通俗的道德哲学之所以可能的前提。因此，康德说："但为了在这一加工（Bearbei-tung）过程中通过各个自然的阶段不仅从普通的道德评判（它在此很值得重视）前进到哲学的道德评判，像已经做过的那样，而且从某种只能借助于例证摸索否则就无法进行的通俗哲学前进到形而上学……我们就必须把理性的实践能力从其普遍规定的规则一直追踪

到义务概念由之发源的地方，并对之作出清晰的描述。"(S.412)

于是康德就从一般"有理性者"和自然物的区别出发来自上而下地展开论证。有理性者的行动与自然作用不同就在于它有意志，即它不是按照法则运作，而是按照对法则的表象来行动，这就是实践理性。但如果一种意志除了受实践理性的规定外，还受到经验或感性的"爱好"的影响（如在人类那里），这种影响对意志来说就成为偏离法则表象的、偶然的，而实践理性的规定就对它成了"命令"。命令分为有条件的（假言的）和无条件的（定言的），前者只是为达到某个具体目的的、技术性的、明智的劝告，后者才是道德上的"绝对命令"，它唯一的原则只是实践理性本身，即理性的实践运用的逻辑一贯性，它被表述为："你要仅仅按照你同时也能够愿意它成为一条普遍法则的那个准则去行动"(S.421)。在这里，"意愿"的（主观）"准则"能够成为一条（客观的）"普遍法则"表明意志是按照逻辑上的"不矛盾律"而维持自身的始终一贯，类似于孔子的"有一言而能终身行之"的要求。不同的是，孔子的道德律（"恕道"，即"己所不欲勿施于人"）不是立足于意志的逻辑一贯，而是强调始终不违背人心中固有的仁爱的情感。所以，康德的实践理性法则和理论理性法则都是出于同一个理性（即"逻辑理性"），孔子的规则却是出于人的感性（同情感）。

接下来，康德从这条唯一的绝对命令中推出了三条派生的命令形式，这是本章的主题，即在绝对命令的引导下从通俗的道德哲学进到道德形而上学，再进到实践理性批判，也就是在上一章的基础上再次深入刻画三阶段的层次区别。最为奇怪的是，即使在本章中，康德也重复三次地对这三条派生命令轮番进行了讨论，而这三次重复也不是简单重复。第一次主要是举例说明，即在每一条派生

命令的解释中都以前述四个义务的例子作为话题，相当于"通俗的
道德哲学"层次；第二次则是列表说明，指出了每一条派生命令的
范畴归属，相当于"道德形而上学"层次（S.436以下）；第三次是
把一切命令归结到"善良意志"和意志的"自律"，启开了"纯粹
实践理性批判"的维度（S.437以下），也就是对意志自由进行一
番批判的考察后，将之作为绝对命令（道德律）这一"先天综合判
断"之所以可能的前提。以下试分别论列。

（1）第一条派生的命令形式是："你要这样行动，就像你行动
的准则应当通过你的意志成为一条普遍的自然法则一样。"（S.421）
这条命令与它由之所派生的绝对命令只有一点不同，这就是"普遍
法则"变成了"普遍的自然法则"。为什么要强调"自然"法则？
显然是为了普通理性能够具体理解；但由于这里不是指真正的自然
法则，而只是"好像"自然法则，所以只是借用了自然法则的"形
式"，因而是从道德的形而上学层次来说明的，而不再是通俗的道
德哲学了。康德在《实践理性批判》中也谈到过，实践理性的对象
（善与恶）不可能像认识的对象那样有自己的"图型"（Schema），
但却可以有自己的"模型"（Typus），"所以，也要把感官世界的自
然用作一个理知自然的模型，只要我们不将直观和依赖于直观的东
西转移到理知自然上去，而只是把这个一般的合法则性形式（其概
念甚至发生在最普通的理性运用中，但仅仅只是为了理性的纯粹实
践运用这个意图才能够先天确定地被认识）与理知自然相联系。"①
所以，下面所列举的四个例子就具有纯粹义务的"模型"的含义，
康德将这四个例子按照"道德形而上学"的层次重新整理为：对自

---

① 《实践理性批判》，第96页。

己的完全的义务，对他人的完全的义务，对自己的不完全的义务，对他人的不完全的义务。所谓"完全的义务"就是绝对没有例外的义务，例如：1.不要自杀；2.不要骗人。所谓"不完全的义务"则允许有例外，例如：1.要发展自己的才能；2.要帮助别人。显然，这里前两条相当于我们前面所提到的"消极的义务"，后两条则相当于前面的"积极的义务"；但前面是按先客观（他人）后主观（自己）排列，而这里是按先主观（自己）后客观（他人）排列。因为在"通俗的道德哲学"中人们首先注意的是对他人的义务，而在"道德形而上学"中更重视的是人们对自己的义务。此外，完全的义务是违背了它就会陷入完全的自相矛盾和自我取消的，如自杀一旦普遍化就没有人再可以自杀了，骗人一旦普遍化也就没有人再相信任何人、因而也骗不成人了，因此，这种义务更像是一种客观的"自然法则"；违背不完全的义务则不一定自我取消，如设想一个懒汉的世界和一个绝对冷漠的世界都是可能的，但没有人能够真的"愿意"生活在这样一个世界中，他不遵守义务只不过是希望自己一个人"例外"而已。所以，这只是类似于一种主观心理上的"自然法则"，违背了它只会导致自己意愿中（而非客观上）的自相矛盾。

　　无论如何，上述四个例子都证明了，从纯粹"理性"的眼光看，我们的行为及行为的意志不要自相矛盾，而是要成为普遍法则，才能够保持一贯性，这是评判一件行为是道德还是不道德的标准或准绳。但康德并不满足于例子的证明，他还要从中挖掘出内在的普遍联系。于是他问道："对于一切有理性的存在者来说，将其行动任何时候都按照他们本身能够愿意其应当用作普遍法则的那样一些准则来评判，这难道是一条必然法则吗？如果它是这样一条法则，那么它必定已经（完全先天地）与一般理性存在者的意志这个概念结合在一起了。但是，为了揭示这种联系，人们不管有多么拒斥，都必须再跨进一步，即达到形而上学，虽然是进到与思辨哲学的形而上学不同的领域，即进到道德形而上学。"（S.427）这就从人类道德行为的"意愿"（Wollen）提升到了一般有理性的存在者的纯粹意志这一道德形而上学层次。康德在这一层次上进一步分析了意志（Wille）概念，指出既然意志就是按照对法则的表象来行动，所以它跟直接的自然因果性（致动因）不同，是一种目的行为，因而有目的与手段之分，还有主观目的（质料的）和客观目的（形式的）之分。康德认为，只有客观目的才是一切有理性者的普遍必然的目的，具有绝对价值；主观目的只是一时的欲求，只有相对价值，因而随时可充作其他目的的手段。那么什么是客观目的呢？只有设定目的的意志主体本身（而不是它所设定的任何目的对象）①，这种主体作为绝对的目的就叫作"人格"（Person）。这就引入了绝对命令的第二种表达方式。

（2）第二条派生的命令形式是："你要这样行动，把不论是你的人格中的人性，还是任何其他人的人格中的人性，任何时候都同时用作目的，而绝不只是用作手段。"（S.429）在这里，康德再次引述了上面那四个例子，但说法已有所不同，即不是从行为的逻辑一贯性和不自相矛盾（不自我取消）的这种类似于"自然法则"（类似于"自然淘汰"）的形式规律来立论，而是从行为的目的是否能成为绝对的最高目的来立论。实际上，作为意志行为，如果没有一个最高目的，则一切目的行为都不会具有真正的目的性，而不过是

---

① 正如在其他一些地方一样，康德在这里的"主观"和"客观"的含义是颠倒的，通常认为是主观（主体）的东西他却认为是"客观的"，通常归于客观对象的在他看来恰好是"主观的"。

一大堆互为手段的行为，总体上仍属于机械因果性（弱肉强食或互利共生之类）。如我们常说某人的生活"没有目的"，并不是说他的一切行为都是无目的的行为，而是说这一切行为都没有一个最后目的。因而，要使意志行为不变质为机械因果作用，而始终是目的性行为（始终保持为意志行为），就必须有一个最高的目的，这就是与一切物性不同的人性本身。所以四个例子的意义就在于：1. 不把自己的人性当手段；2. 不把他人的人性当手段；3. 以促进自己的人性为目的；4. 以促进他人的人性为目的。

值得注意的是，康德在上述第 2 个例子之后有一个注释："人们不要认为，'己所不欲，勿施于人'这种老生常谈在此可以用作准绳或原则。因为这句话是从那个原则［指上述命令式］中推导出来的，尽管有各种限制；它绝不可能是普遍法则，因为它既不包含对自己的义务的根据，不包含对他人的爱的义务之根据……最后，也不包含相互之间应尽的义务之根据；因为罪犯会从这一根据出发对要处罚他的法官提出争辩。"（S.430）虽然康德这段话并不是专门针对孔子的"恕道"而言的，而是针对西方和几乎所有人类社会共同具有的"金规则"而言的，但我仍然愿意提醒进行中西文化、特别是康德和儒家伦理比较的人：按照康德的看法，孔子的"己所不欲，勿施于人"也只有在"人是目的"这一前提下才能成为一条道德法则，否则虽然它表面上好像具有普遍法则的形式，因而与前一条派生的绝对命令形式（使你的行为准则成为普遍的自然法则）难以区分，但终究是没有真正的普遍性的，而会成为一种用来达到其他有限目的的工具（如说：为了你在这个集体中更好地与人相处，"己所不欲，勿施于人"是明智的）。道德的"金规则"变成一条功利主义的，甚至"乡愿"式的规则，仅在转手之间。① 当然反过来说，如果它建立在"人是目的"这条原则之上，没有任何别的有限目的（哪怕是"治国平天下"之类），它也可以是道德的。这时"己所不欲，勿施于人"不是为了别的，只是为了实现每个人的人格和人性。

然而，康德所谓"人性"（Menschheit）并不是单指地球上的人类的性质，而是任何有限的有理性者的一般本性，因而它并不是主观上作为人的目的，即作为人现实地当作自己的目的的对象，"而是被表象为客观目的，这个客观目的不管我们可能想要有什么样的目的，都应当作为法则构成一切主观目的的最高限制性条件，因而它必须来自纯粹理性。"（S.431）这样理解的"客观目的"就不是某个具体的目的了，而是一般地"能够拥有目的"这一"法则"，也就是意志的"自己立法"。所以接下来，康德就从这一新达到的高度回顾说："就是说，一切实践的立法的根据客观上就在于使这种立法能成为一条规律［法则］（但顶多是自然规律）的那种规则和普遍性形式（按照第一个原则），主观上则在于目的；然而，一切目的的主体是作为自在的目的本身的每一个理性存在者（按照第二条原则）：于是由此就得出了意志的第三条实践原则，作为意志与普遍的实践理性相一致的最高条件"（同上），这就是作为前两条原则的综合的第三条派生的命令形式。

（3）第三条派生的命令形式是这样一个"理念"："作为普遍立法意志的每个有理性的存在者的意志"（同上）。这就是一般意志的自我立法或"自律"（Autonomie）的原则。康德指出，前面两条命

---

① 参看拙文：《全球伦理的可能性——金规则的三种模式》，载《江苏社会科学》2002年第 1 期。

令形式尽管也"假定"（annehmen）自己是定言命令，因而是绝对优先于其他一切法则和目的的，但在这两个命令式自身中并没有直接表明这一优先地位的根据何在，所以需要上述理念来提供这一根据。严格说来，这一理念并没有采取"命令"的形式（"你要……"），而是直接指陈一个事实，即每个有理性的存在者的意志都是普遍立法的意志。但有了这一理念，它就可以从前面的命令形式中排除各种利益 ① 的考虑，而将之变形为它自己的命令形式。如康德说："如果有某种定言命令（即一种适用于一个理性存在者的每个意志的法则），那它只能命令说：做一切事都出自自己意志的这条准则，就像这意志可以同时把它自己当作普遍立法的对象那样。"（S.432）（即对第一条派生的命令的变形）；又说："理性存在者任何时候都必须把自己看作在一个通过意志自由而可能的目的王国中的立法者"（S.434）（即对第二条派生命令的变形）。可见前面两个命令形式中已经暗中包含着这第三个命令原则了，因此，康德在这里不再逐条讨论前述四个例子，只注明上述例子在这里也适用（见 S.432 康德自注）。所以，按你愿其成为普遍法则的准则行事也好，把人看作目的也好，这些命令之所以必须遵守就有了最牢固的根据。"所以意志并不是简单地服从法则，而是这样来服从法则，以至于它必须也被视为是自己立法的，并且正由于这一点才被视为是服从法则的（对这一法则它可以把自己看作是创始者）。"（S.431）前面的命令表达了道德法则，但并没有表明这些法则就是立法的意志自己为自己制定的，所以，很容易拿另外的某种理由来说明为什么要遵守这

---

① "利益"，原文为 Interesse，亦可译作"兴趣"、"利害"。苗译本作"关切"。我以为应根据上下文来译，不必强求一律。

些法则（如"治国平天下"，或上帝的诫命）。但普遍的意志立法这一原则就使每个意志作为自律的意志挺身而出，成为了义务的最终承担者，同时又把前面两条派生的命令包含在自身中了。所以，只有第三条派生的命令形式（自律）才使得行动的主体具有了人格的尊严，并激发起"敬重"的道德情感。

于是康德总结道："上面表述道德原则的三种方式，从根本上说只是同一个法则的多种公式而已，其中任何一种自身都结合着其他两种。然而它们之中毕竟有一种差别，这差别与其说是客观—实践上的，不如说是主观的，即为的是使理性的理念(按照某种类比)更接近直观，并由此更接近情感。"（S.436）接着康德就从已经达到的道德形而上学层次对这三种命令形式以排列对照的方式作了一种形而上学的再次（第二轮）阐明。他表明，一切准则都具有一个普遍形式、一个目的质料和一个包括形式和质料在内的完备规定，所以才有上述三种道德命令的公式，它们依次经过了意志形式的单一性、多数性和全体性三个范畴。如果我们想在道德评判中总是按照严格的方法行事并以定言命令的普遍公式为基础，那我们只须遵行绝对命令的经典表达方式（即"要按照同时能够成为一条普遍法则的那条准则去行动"）就行了；但如果我们同时还想获得理解这条道德法则的"入口"，"那么引导同一个行为历经上述三个概念，并由此而使它尽可能地接近于直观，这是很有用的。"（S.437）这就是对这三条派生的命令形式的第二轮阐明，它摆脱一切例子而突出了三条原则的形而上学实质。其实不难看出，这三条原则全都是通过从绝对命令"你要使你行动的准则成为一条普遍法则"所包含的三个环节中强调某一个环节而引出来的，即第一条形式法则强调"普遍法则"这一自然客观效果，第二条质料法则强调"行动的准则"

这一主观目的，第三条法则强调"你要"这一自己立法的自由意志，正是它使得主观准则（目的、动机）推行为一条普遍法则（效果）。

接下来就是第三轮阐明，即通过第三条原则（意志自律）来从头引导全部三条原则。如把第一条派生的命令形式归结为"一个绝对善良的意志的公式"，把第二条派生的命令形式中的"目的"归结为"不是一个起作用的目的，而是一个独立自主的目的……现在，这一目的只能是所有可能目的的主体本身，因为这一主体同时也是一个可能的绝对善良的意志的主体"（S.437）。至于第三条派生的命令形式，也就是第三条原则自身，在这一轮阐明中也被引向了自然王国和目的王国的"悖论"（Paradoxon），表明正由于人性中的这一对立，人必须努力克服自然王国的干扰，自律才成为了人的一种"义务"，并在感性世界（直观）中获得了令人敬重的尊严。

本章最后的几段文字列了三个小标题："意志自律作为德性的最高原则"、"意志他律作为德性的一切不真实的原则之根源"、"从他律的那些被认可的基本概念而来的所有可能的德性原则之划分"。第一个小标题表明意志自律作为德性的最高原则是个先天综合命题，其可能性必须到下一章即纯粹实践理性批判中去解决，在本章中则满足于通过分析德性概念而把它揭示出来。第二个小标题表明凡是不从意志自律出发而从意志的他律出发的行为都无道德价值。第三个小标题则展示了经验派的幸福主义和理性派的完善主义在道德问题上所表现的二律背反，指出他们都是以他律为基础，因而是违背道德的。但经分析而找到的这个意志自律既然是一个综合命题，它如何可能的问题就必须通过对纯粹实践理性本身的批判才能说明，这就过渡到下一章。

三、纯粹实践理性批判

严格说来，按照康德后来在《实践理性批判》一书中的说法，"纯粹实践理性批判"这一术语是不确切的，因为这个批判"应当阐明的只是有纯粹实践理性，并为此而批判理性的全部实践能力。如果它在这一点上成功了，那么它就不需要批判这个纯粹能力本身……因为，如果理性作为纯粹理性现实地是实践的，那么它就通过这个事实而证明了它及其概念的实在性，而反对它存在的可能性的一切玄想就都是白费力气了。"①其实，在本章的最后，康德实际上也说到了这一层，即不可能有纯粹实践理性的批判，"纯粹理性如何可能是实践的，对此一切人类理性都完全没有能力作出解释"，"这正像我想要试图探究自由本身作为一个意志的原因性是如何可能的一样"，"这里就是一切道德研究的最高界限"（S.461—462）。但康德在这里仍然要列出纯粹实践理性这个标题，就是要探一下这个底。因此，第三章所采用的方法不再是前两章的分析法，而是综合法。因为道德律要使意志的准则成为一条普遍法则，虽然形式上是指要做到逻辑上一贯（合乎不矛盾律，因而是分析的），但内容上这只能是一个综合命题，"通过对绝对善良意志概念的分析，不可能找到准则的那种属性"，而必须通过"自由意志"这一"第三者"的概念才能把双方综合起来（见 S.447），因为自由的"积极概念"正是意志的自己立法，也就是把个别意志建立为普遍意志的法则。

但自由本身是不可知的。"但哪怕在我们自身中，以及在人的

---

① 《实践理性批判》，第1页。

本性中，我们都不能证明自由是某种现实的东西；我们只知道，我们如果要把一个存在者设想为理性的，并且赋有自己在行动上的因果性意识的，即具有一个意志的，就必须预设自由"（S.448—449）。就是说，由于承认了意志的规律即道德法则，所以才有了设定自由的理由。但反过来，承认道德法则的理由首先却必须由自由来设定，这就形成了一个表面上的"循环论证"（参看 S.450—451）。康德的解决办法是把这两种设定分别归于从现象去设定后面的自在之物，和从自在之物直接进行实践规律的设定。在《实践理性批判》中这一点说得更清楚："自由固然是道德律的存在理由，但道德律却是自由的认识理由。因为如果不是道德律在我们的理性中早就被清楚地想到了，则我们是绝不会认为自己有理由去假定有像自由这样一种东西的（尽管它也并不自相矛盾）。但假如没有自由，则道德律也就根本不会在我们心中被找到了。"①自由仍保持为不可认识的自在之物（"存在理由"），但已有了设定它的"认识理由"。

那么，定言命令（即作为先天综合判断的道德法则）如何可能呢？康德的回答是，定言命令之所以可能，就是"因为自由的理念使我成为一个理知世界的一员"，但由于我同时又是一个感官世界的成员，我的一切行为就不是合乎，而是"应当"合乎意志自律，"这种定言的应当就表达出一个先天综合命题，因为在我的被感性欲望刺激的意志之上，还加上了同一个意志的理念，而这个意志却是属于知性世界的、纯粹的、对自身来说实践的"（S.454）。就是说，自由意志使我具有了一个"理知世界"成员的资格，并以这种

① 《实践理性批判》，第2页注。

资格面对感官世界的种种诱惑而凌驾于其上，构成了"我应当……"这一定言的先天综合命令。至于自由本身是如何可能的，康德认为这个问题是无法解决的，因为我们是出于意志（而非出于认识）要把自己看作是自由的，但自由却不是一个经验概念，不能形成知识。由此康德又回到了《纯粹理性批判》中的第三个二律背反，即自由和必然的矛盾，再次指出只要我们严格分清这两者分属于自在之物和现象世界，则即使我们永远也不知道自由是如何可能的，我们也能够从这种矛盾中摆脱出来。所以，与《纯粹理性批判》中康德强调认识的界限相对，在这里他强调的是实践的界限："实践理性通过把自己放进一个知性世界中来思考根本不会越过自己的界限，但当它想要进去直观自己、感觉自己的时候，它就越过了自己的界限……如果它还从知性世界取来一个意志的客体，即一个动因，那么它就越过了它的界限，并自以为认识了某种它一无所知的东西。"（S.458）

但是，如果自由的知性世界与自然的感性世界完全不相谋，那么道德律的定言命令就会永远只是一个空洞的教条而不会发生任何实际的作用了。然而康德又认为道德律的作用还是看得出来的，这就是人们对道德律所感到的"关切"（Interesse，在这里不能译作"利益"）。这种关切在人们心中的基础是道德情感，即"敬重"，它不是道德评判的准绳，而只是"道德法则对意志造成的主观效果"；但他又认为，"关切就是那理性由之成为实践的，即成为一个规定意志的原因的那种东西。"（S.459 注）理性只有在道德实践中才有对行为的纯粹关切或直接的关切，而在其他功利行为和认识活动中只有对行为的间接关切。那么，敬重究竟是"道德法则对意志造成的主观效果"，还是使理性"成为一个规定意志的原因的东西"呢？

康德的意思是，从理知世界的角度看，敬重只是道德律在感官世界中造成的效果；但从感官世界的角度看，敬重恰好成为规定意志的动机，它代表道德律在感官世界中作用于意志，使意志排除一切其他感性关切和爱好而为道德律扫清障碍，它是取消一切其他情感的情感，即"谦卑"①。这就彻底解释了在日常生活中由普通的道德理性所直观地了解到但并未深究的道德律和义务概念的根源及运作机制。

康德本书的最后一句话是："我们固然不理解道德命令的实践的无条件的必然性，但我们毕竟理解这命令的不可理解性，这就是对一门力求在原则中达到人类理性的界限的哲学所能公正要求的一切。"（S.463）实践理性批判导致的是一个极其低调的结论。

四、几点评论

康德伦理学的一个最重要的特点就是形式主义，这也是从康德以来直到今天人们对他责难最多的一点。然而我以为，虽然形式主义在我们现实地理解和实行道德原则方面的确是一个明显的缺点，但形式化却是一切道德原则本身一个最基本的要素。道德从根本上说的确不在于做什么，而在于如何做。更重要的是，道德不是一次性的个别行为，而是具有普遍可能性和社会的普遍赞同性的行为（哪怕它只在个别人身上体现出来），没有形式化，这种行为的普遍意义就不能得到揭示。把道德原则提升为纯粹的形式（定言命

---

① 在《实践理性批判》中，康德专门辟出一章"纯粹实践理性的动机（Triebfeder）"，深入地讨论了这个问题，可参看上述中译本，特别是其中的第101—110页。

令）是康德伦理学的一个重大的贡献，它使道德生活中的伪善无法藏身。"出于道德律"、"为义务而义务"的确很抽象，但至少能使一切试图把道德利用来作为达到其他目的的工具的做法不再理直气壮。不能否认，单纯停留于形式主义同样是对道德本质的偏见，形式和内容是不可分的。我以为，从日常的普通道德知识提升到道德的形而上学并不仅仅是理论上的进步，而且应当理解为现实历史的进步。例如，康德"绝对命令"的三种变形的表达其实正是人类历史发展的三个阶段：最初人类道德的状况的确像是"自然法则"，那些不能成为普遍法则的准则如骗人、自杀等等正是在历史中被淘汰出道德法则的；"人是目的"则是近代以来西方社会逐步形成的共识，直到今天还支配着西方国家民众的道德意识，甚至成为全球大多数国家所公认的"道德底线"；而"每个意志都是普遍立法的意志"的一个"目的国"则是人类至今尚未实现的道德理想，它也表达在《共产党宣言》里有关"每个人的自由发展是一切人自由发展的前提"的"自由人的联合体"这一理想中。

此外，康德的另一重大贡献是把道德完全建立在自由意志的基础上。在他看来，只有自由的道德才是真正的道德，道德本身不是自足的教条，而是要由自由来建立，并由自由的规律来判断的法则。道德本身不是自明的，自由才是自明的。自由也有可能导致不道德，但自由本身的规律（自律）则必定是道德的。而且在康德看来，真正的自由只能是有规律的自由，即自律，自由不仅仅是一个点，或一个又一个毫无联系的点（任意，"为所欲为"），而是一条无限延伸的线，一个保持自身同一的过程（人格的同一性），所以它是自己为自己立法、自己为自己负责，它是"义务"。所以，这样理解的自由就不是非理性，而正是理性的本质。同一个理性在认识上是按照法则去把握自然界（"人为自然界立法"），在实践上则是按照法则去行动（"人为自己立法"），而后者才是更根本的。

当然，康德把"积极的自由"限制在单纯理知世界对意志发出的"命令"的范围，而把感官世界的一切活动都当作不纯粹和受限制的意志行为排除在自由之外，这就使这种"积极的自由"又带上了消极的意义，不能成为真正改造世界的实践力量。尽管如此，康德把自由限制在"自在之物"上而禁止其在经验中作认识上的理解，这仍然有其不可忽视的意义。日常理性和科学主义力图把自由还原为自然或必然，还原为可由认识固定下来的对象，这种倾向将导致人成为非人。自由其实正在于努力突破这种禁锢而向未知的领域超升，凡成为已知的，就有成为自由的束缚的可能。自由就是不断扬弃过去认为是自由的、而今已成为自由的"异化"和束缚的东西而作新的创造，这就是人性或人的本质，它在历史中得到实现和完善。

责任编辑：张伟珍
责任校对：袁　璐
封面设计：吴燕妮

图书在版编目（CIP）数据

道德形而上学奠基 / ［德］康德（Kant, I.）著；杨云飞 译；
　邓晓芒 校 . – 北京：人民出版社，2013.7（2023.11 重印）
ISBN 978 – 7 – 01 – 012356 – 1/01

I. ①道… 　II. ①康…②杨… 　III. ①伦理学－德国－近代
　IV. ① B82-095.16 ② B516.31

中国版本图书馆 CIP 数据核字（2013）第 163871 号

道德形而上学奠基
DAODE XINGERSHANGXUE DIANJI

［德］康德 著　杨云飞 译　邓晓芒 校

人民出版社 出版发行
（100706　北京市东城区隆福寺街 99 号）

环球东方（北京）印务有限公司印刷　新华书店经销

2013 年 7 月第 1 版　2023 年 11 月北京第 4 次印刷
开本：889 毫米 × 1194 毫米 1/32　印张：4.875
字数：85 千字　印数：10,001 – 15,000 册

ISBN 978 – 7 – 01 – 012356 – 1/01　定价：25.00 元

邮购地址 100706　北京市东城区隆福寺街 99 号
人民东方图书销售中心　电话：（010）65250042　65289539